数学でつまずくのはなぜか

小島寛之

講談社現代新書

1925

まえがき　～あなたが数学でつまずくのは、数学があなたの中にあるからだ～

この本は、こどもたちと数学のあいだがらのことを書いた本だ。

でも、「どうやったらこどもたちに上手に数学を教えられるか」ということを書いた本ではない。どちらかというと、「どうやったらこどもたちから数学を学ぶことができるか」、それを書いた本である。

さらに言うなら、「数学がいかに有能で役に立つものか」を押しつける本でもない。そうではなく、「数学を役立てられなくたっていいじゃん」ということを説いた本だ。誰かと友だちになりたいなら、まず、そいつを何かに利用しようなんていう浅ましい考えは捨てることだ。数学と友だちになりたい場合も同じである。とにかく、そいつの話をじっくりと聞き、いいところも悪いところも知ろうとすることだ。そして思いっきりけんかをすることだ。そうした末に、そいつの良さといとおしさがわかるのだから。

多くの人は、「数学は完全無欠なもの」と思っている。だから、その「クールさ」に嫌悪感を持つ人もいるし、なんとかリベンジして自信を回復したいと躍起になる人もいる。

でもそれは全くの誤解だ。

数学は、紆余曲折の末作り上げられてきたし、まだ完成からほど遠いものだ。今の数学は、宇宙からそのままの形で降ってきたものではなく、数学者たちが歴史の中で悪戦苦闘して作り上げたものだ。その過程で、失敗も間違いもあったし、遠回りもした。だから、現在の数学にはその傷としての「でこぼこ」がまだまだたくさんあって、それで人は足をとられて転んでしまうのだ。数学につまずいたからといって、それはあなたの落ち度ではない。それは数学に「でこぼこ」があるせいなのだ。けれどその「でこぼこ」は、数学の人間臭さだから、あなたはひょいひょいとかわして歩く必要はない。転んだら、立ち上がればいいし、何度も転ぶならそこだけ迂回して進めばいいと思う。

結局この本は、「あなたが数学でつまずくのは、数学があなたの中にすでにあるからだ」という、かなりパラドキシカルなことを語る本だ。そういうことを、数学教育や数学史や思想・哲学など引っ張ってきて説得しようともくろんでいる。だから読者は、この本を読むとき、何かの勉強のつもりで読むのではなく、どちらかといえば、友だちの相談ごとを聞くような感じで読んでほしいと思う。相談ごとというのは、とにかくまとまりがなく、時に身勝手なものだ。でも、親身になって聞くうちに相手の素性と性格がよくわかってくる。そんな風にこの本で、数学の素性と性格を知ってもらえればな、そう思っている。

目次

第1章　代数でのつまずき

～規範としての数学～

マイナス掛けるマイナスはなぜプラスなのか

中学生になって初めて習う代数は、負の数にまつわるものだ。

小学校で習う数——（0以上の）整数、小数、分数——は、暮らしの中にもそれなりに現れ、そんなに日常とかけ離れたものではない。こどもたちは、「計算がややこしい」とは思っても、「意味がわからない」という苦労はないだろう。しかし、マイナスの数というのは、ある意味で「異形の数」で、こどもたちは初めて「イメージがわかないから理解できない」という困難に直面することになる。マイナスの数は、一見、この世に存在しない数に思えるからだ。

このような「この世のものとも知れない」マイナスの数において、（マイナス）＋（マイナス）は（マイナス）なのに、（マイナス）×（マイナス）は（プラス）になる、と説明を受けると、こどもたちの頭の中は疑問符でいっぱいになる。おまけに、多くの授業では、通りいっぺんの説明をしたあと、最終的に「規則を覚えればいい」的な押しつけがなされるので、それを従順に受け入れられるこどもはいいが、「納得した上でないと覚えることができない」という「原理的な頭」の持ち主はひどく苦しむことになるのだ。

それでは、なぜ、（マイナス）＋（マイナス）は（マイナス）なのに、（マイナス）×（マイナス）は（プラス）になるのだろうか。本書はまず、この疑問を出発点としよう。

負の数は商業取引の便法として普及した

さきほどは、負の数はこの世に存在しない、といった。本当にそうだろうか。それを考えるために、歴史的に負の数がどう生まれてきたのかを見てみることにしよう。

歴史的には、負の数は商業的な要請から発明された、といわれている。例えば、ちょうど紀元あたりの中国の数学書『九章算術』にはすでに正負の数の計算が収められているが、ここにおける負の数は、どうも「借金」を意味するものだったようだ。その後、負の数が広く普及するのは、十二世紀頃のインドやルネッサンス期（十四世紀頃）のイタリアだが、ここでも負の数は、「簿記における負債」の表記に用いられていた。確かに、商業取引の額が大きくなると、取引のたびにいちいち現金決済をするより、一定期間経過するごとに帳簿上で相殺する方がずっと手間がかからない。このような手続さを取る場合、帳簿上には「負の利益」が頻繁に記載されることになるだろう。

歴史から学ぶなら、こどもたちに負の数を教えるときもやはり、「借金」がわかりやすいモデルを与えるはずだ。中学生ぐらいになると、友だちと金品の貸し借りをした経験が少なからずあるものなので、「負の数＝借金」といえば、ほとんど間違いなく受け入れてもらえるからだ。

この「負の数＝借金」という捉え方は、うまいことに、負の数の足し算・引き算の理解に関してはとても良いモデルをもたらしてくれる。例えば、(-2)＋(-5) という計算は、「2万円の借金に加えて借金5万円をした、合わせて借金はいくら」という風に具体化することで、こどもはすぐに答えが (-7) だと理解できる。また、(-2)＋(＋5) の計算の場合は、「2万円の借金をしているが5万円のおこづかいがもらえた。君の最終的な財産はいくら」といえば、誰もが答え (＋3) を求めることができる。この計算の際、さきほど説明した「帳簿上の相殺」という商業上の手続きがみごとに活きてくるのだ。つまり、「手に入った5万円のうちの2万円は借金の相殺に使われるから、残りは3万円」と自然に考えられる。背後では (-2)＋(＋2)＝0という「ゼロを作る足し算」が実行されているわけだ (この相殺計算は、複雑な正負の数の計算を簡易化するテクニックの一つでもある)。

平成不況のさなかにこどもに負の数の足し算を教えていたときは、皮肉にも、不況というのが副次的効果をもたらしてくれて助かった。銀行の不良債権を税金投入で清算する、という経済問題が毎日のようにニュースで報道されていたので、こどもたちにとっても、負の数が「現実のもの」として強く印象に刻まれていたからだ。「銀行の借金が税金によって相殺される」ということが、「現実」と「負の数」とをみごとにリンクさせ、こどもたちは、それぞれが難しい二つの概念、経済概念と負の数概念を、相補って理解することができたのである。

負は「負の感情」の負

負の数は、商業での常識になったにもかかわらず、歴史的には、「実在する数」だと認知されるまでは非常に長い時間を要した。ヨーロッパの多くの数学者たちは、負の数を「嘘の数」と呼び、その「実在性」を否定していた。十七世紀フランスの哲学者・数学者である天才パスカルでさえも、「わたしはゼロから4を引けばゼロが残ることを理解できない人がいることを知っている」などと書き残しているように、負の数を認めてはいなかった。ヨーロッパにおいて負の数が公認され、学校で教えられたのは十九世紀に入ってからのことらしい。

パスカルの言葉でもわかるように、「ゼロ」は「何もない」ことを意味する。その「何もない」ものからさらに何かを取り去ってできるものを想像できないのはもっともなことだ。数学者さえそうなのだから、それこそ普通のこどもには障壁が高くて当然である。だから、負の数をより深くこどもたちに理解してもらうには、「借金」とはまた別の角度からも負の数のことを見直す必要があるのだ。

その際に、「負」という言葉には悪いニュアンスがつきもの、という観点は一つのヒントを与える。例えば、「負の感情」とか「負の遺産」などという言葉がある。英語での負の数＝「negative number」における「ネガティブ」も同じように悪いニュアンスで使われる。つまり、負の数というのは、人間の「二元論的な思考」と密接な関係を持っているといっても過言ではないのだ。得と損、善と悪、味方と敵。このような二元論の言葉を人は好んで使う。実は、このことが、負の数をどう学んだらよいかについてのヒントとなるのである。

こどもたちも、このような二元論的な言葉はよく知っている。例えば、「世の中には、原点をどこかに決め、それに対して一方の側と他方の側を別の用語で呼ぶものがたくさんあります。できるだけ例をあげてみてください」と生徒に問うと、たくさんの例を返してくれる。

「紀元を原点にして紀元前と紀元後」「水の凍る温度を原点にしてプラスの温度とマイナスの温度」「合格最低点を原点として合格点と赤点」「野球での勝ち負け同数を原点にして貯金と借金」「平年気温を原点として暑いと寒い」「平均身長を原点として高いと低い」「定価を原点として高いと安い」「とんとんを原点にして儲けと損」。

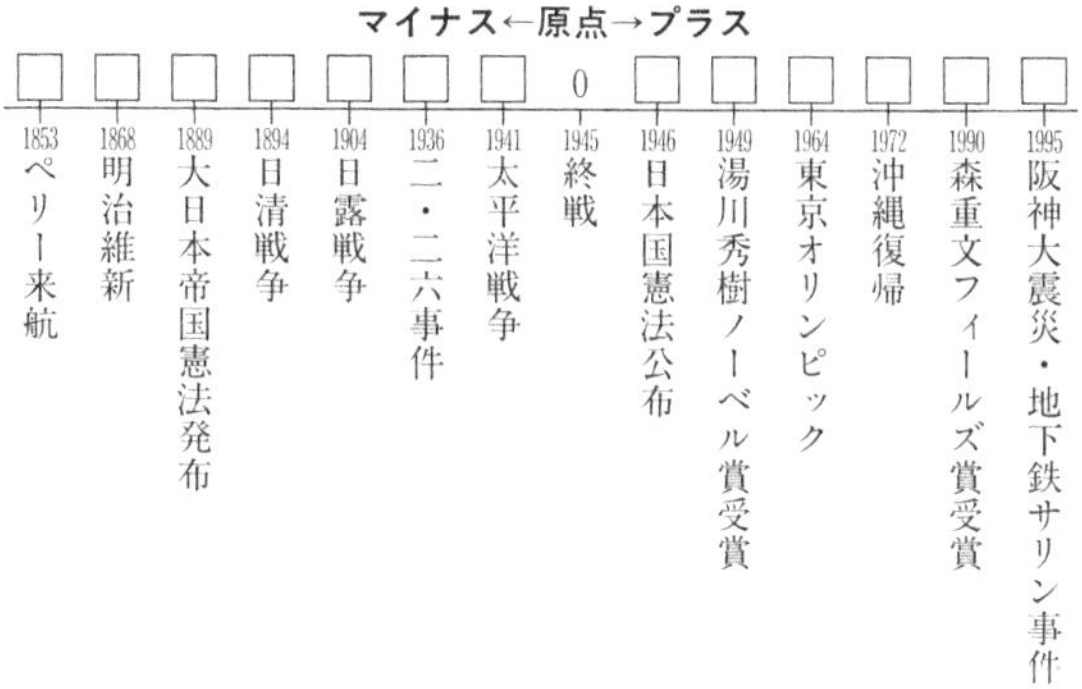

図1-1　終戦（1945年）を原点（0）にして、年表を書き換えよう

彼らはこれらの例をあげることで、負の数というのが、「何か形を持って実在するもの」というよりはむしろ、わたしたちが「日常生活の中で何かの価値判断のためにする二分法の中に現れてくるもの」だと自ら感じることができる。つまり、わたしたちは、量を持つ実体というものを、ただの単なる「序列的に並ぶ数値」として捉えるのではなく、そこに「良し悪し」を持ち込もうとする習性を持っている。その表現こそが負の数だ、というわけなのだ。

筆者は、あるとき、こんな教材をこどもに与えた。図1－1がそれである。これは日本の近代史を年表にしたもので、終戦（一九四五年）を原点ゼロにして年次を正負の数に書き換えてもらう問題だ。どうということのない作業なのだが、歴史上のどこかを基準にそれ以前とそれ以降とを正負に分ける、というのは、正負の数の意義にとてもフィットしている。実際、ニュースなどで「戦後何年」という言い方が頻繁になされていたから、こどもたちがこの問題に違和感を持つことはなかった。（恣意的に史実を選んでいるのは筆者の思想に立脚することなので、そこはおおめにみて欲しい）。

『天才バカボン』からのヒント

負の数とは、人間ができごとに良し悪しの価値判断を導入した二分法であり、ある意味で「人生のものさし」であることがおわかりいただけただろう。また、負の数の加法や減法は商業における金の貸し借りの処理から自然に導入され得ることも納得されたことと思う。これだけでも、こどもたちは、負の数をだいぶ身近に感じることができる。

しかし問題は、冒頭でも紹介したように、「なぜ、マイナス掛けるマイナスはプラスになるのか」という点だ。この問題はこれまでの説明ではまだ解決されていない。かつて、文豪のスタンダールは、数学者オイラーの教科書で、負の数を借金と捉えている説明を読んで、「マイナス掛けるマイナスがプラスなら、借金掛ける借金は財産になってしまう」と悩んだそうだ。そう悩むのはスタンダールばかりではないだろう。借金モデルは「負の数の掛け算を理解する」ためにはあまりいい題材ではないのである。

筆者が塾の講師をしていた頃、教材はすべて自分で作ったのだが、とりわけ中学一年生向けの教材には細心の注意を払った。中学一年は、「算数」から「数学」への切り替わりの時期だから、こどもたちが「数学」にアレルギーを発症しないよう、気を付けなければならない。教材は、とにかく「よくわかって楽しい」ものでなければならないのだ。

そこで困ったのが、「負の数の掛け算の導入」だった。「規則だから覚えましょう」的な押しつけの教材ではなく、「なるほどそうか」と自然に掛け算の法則が飲み込めてしまうような、そういう教材を提供したかったからだ。この悩みを解決するアイデアは、実は、こどもたちからもらったのだった。

それは、こどもたちに先ほどのように「正反対の言葉」を列挙させたときのことだった。その中で、「賛成と反対」という言葉を挙げたこどもがいた。その子は、この例を挙げたあと、「反対の反対は賛成なのだ」と赤塚不二夫のマンガ『天才バカボン』のせりふを付け加えて笑った。この子はきっと、単にこのギャグが言いたかっただけである。しかし、これを耳にしたとき筆者は、これこそが正負の数の掛け算を理解させるツボじゃないか、と閃《ひらめ》いた。

「ある意見に反対する」というのを「マイナス」と捉えるなら、「反対の反対は賛成なのだ」というせりふは、まさに「マイナス掛けるマイナスはプラス」ということを意味している。気づいてみれば簡単なことなのだが、正負の数の掛け算を理解するためには、このように「方向算」というものを導入することが一番うまい手だったのだ。

最もわかりやすい「方向算」モデルは「気球の昇降モデル」だろう。

例えば、(＋3)×(＋5)＝(＋15) という計算を、気球の昇降を使って、次のように解釈しよう。

「気球が時速3キロメートルで上昇しているとき、5時間経過すると、気球は元の位置より15キロメートル上方にいる」

このとき、このモデルを利用すると、(-3)×(-5)＝(＋15) という計算も全く同様に難なく意味づけすることができる。それは、

「気球が時速3キロメートルで下降するとき、5時間さかのぼると、気球は元の位置より15キロメートル上方にいる」

という解釈である。

このモデルの利点は、こどもたちが頭の中で気球の昇降の様子を容易に思い浮かべることができ、そのイメージによって、計算法則が自然に納得できることだ (ただし、時間の遡行《そこう》を理解してもらうためには、ビデオの逆サーチなどを例に説明したほうがいい)。

ここで、これらの計算に現れる三つの符号が、それぞれ違う意味を持っていることに注意して欲しい。最初のプラスマイナスは、気球の「上昇⇕下降」を意味する符号。二番目

のプラスマイナスは、時間の「経過⇕さかのぼり」を意味する符号。そして、最後のプラスマイナスは気球の元の位置からの「上⇕下」を表すものだ。つまり、おなじ符号がそれぞれで全く異なった意味に使われているのである。逆にいうと、符号に対して、異なる三つの解釈が可能だということ。だからこそ、掛け算で結びつけることができるのだ。

つまり、「(マイナス)×(マイナス)=(プラス)」という計算は、「(下降状態)×(時間のさかのぼり)=(元の位置より上)」という「方向算」なのである。(-3)×(-5)=(+15)では、このような符号にこめられた三種類の「方向」が、一つの計算で結びつけられている。そして、残る「数字計算」の部分3×5=15は、(速度)×(時間)=(距離)という「単位算」を意味している。以上をまとめるなら、正負の数の計算というのは、「方向算」と「単位算」が合体したもの、そう見なすことができるということだ。

このように分析すると、負の数とは、究極的には、人間の事物に関する「二分法的な思考」を表記するものであり、しかも、三種類の「二分法」を何らかの単位算で接続している、ということなのである。そして、もちろんそういう「二分法的な思考」は、こどもたちの中にも自然に根付いており、だからこそ、その感覚の助けを借りることで彼らはうまく受け入れることができるのである。ただし、こどもたちの中にこのような「方向算」をしっかり根付かせるためには、「気球の昇降モデル」だけではなく、もっと多くの「方向算」を例示して、いろいろな角度からこの意味を体感してもらう必要がある（少なくとも筆者が教材を作ったときは数種類の「方向算」を用意した）。

文字式という落とし穴

中学でどうしようもなく代数で落ちこぼれるこどもは、ほとんど例外なく、「文字式の計算」からだと言っていいだろう。文字式の計算というのは、「$2x-(4-3x)$」とか「$(-a)\times(2b)\times(3a)$」のような式を簡略化する問題のことである。

ここで悲しいのは、彼らができなくなる原因というのが、「数学が本質的にわからなくなった」ことにあるのではなく、単なる「書き方についての約束」というどうでもいいところでつまずくことにある、ということだ。

例えば、彼らに多い誤りに、「$3x-x=3$」としてしまうものがある。言うまでもないが、正解は「$3x-x=2x$」だ。しかし、筆者にはこの誤りには同情の余地があると思える。「$3x$からxを引くと残るのは3だろう」というのは、意味的に理解できる。『引く』ということを、「取り去る」＝「消す」と解釈するなら、$3x$からxを消してしまうのもあながち愚かな行為とは断じられないだろう。つまりこの誤りをおかすこどもは、「文字式とは何であるか」、「文字式の計算というのは何をすることなのか」、といった根本的なことが理解できていないだけなのである。これだけをもって、数学的な能力が低いと烙印を押すことはできないのではないか。

あるいは、「引く」の意味がわかっていても、「$3x$」というのが「$3 \times x$」における記号「×（掛ける）」を省略したものだ、という取り決めについて、先生の説明を聞いていなかったか、聞いたけれど覚えていなかった、ということも考えられる。この場合は、傷はさらに浅いと言っていい。その証拠に、もしも「$3x$」というのが「$3+x$」の「＋（プラス）」を省略したものであるとするならば、このこどもの計算は全く正しい。実際、小学校で習う帯分数、たとえば$3\frac{1}{2}$は、間にあるはずの「＋」記号を省略したものなのだから、そういう省略記法がないわけではない。「$3\frac{1}{2}-\frac{1}{2}=3$」なら正しい計算なのである。混乱するのはこどものせいではなく、教育の手順に責任があるとも言えるだろう。

一方、文字式の本質的役割・有用性は、このような「簡略表現」そのものとは無縁である。文字式の役割は、端的に言うなら、「無限個の具体例を一つの式で表現している」ということにある。

例えば、「$3x-x=2x$」という式は、「何かの3倍からそいつを引けば、そいつの2倍が残る」ということのすべて、つまり、「$3 \times 5-5=2 \times 5$」とか「$3 \times 0.7-0.7=2 \times 0.7$」などの、$x$に数をあてはめてできるありとあらゆる等式をいっぺんに表現しているものなのである。文字式の計算によって、「$3x-x=2x$」が確かめられたなら、それは数についての無限個の等式を証明したことと同じ、ということだ。このように、文字式はある種の「普遍性」「象徴性」を表しており、数学という科学の根幹を成すものと言える。

にもかかわらず、単なる「記号の約束の問題」が、「数学能力の問題」とされてしまうのはまことに忍びないことである。エチケットを知らないことと、能力がないことは、全くの別問題だからだ。

さらにこの「記号の約束の問題」が深刻なのは、発達が遅れぎみのこどもも、学習障害が見られるこどもも、家庭や学校での人間関係に何かトラブルを抱えているこどもには、てきめんに牙をむくという点だ。このようなこどもは、普通のこどもより「規則」の理解に障壁を持つ傾向がある。規則が多ければ多いほど、それが無意味なら無意味なほど、彼らの規則に対する拒否感は大きくなるものだ。中学の代数の入り口で学ぶ文字式の記号の約束は、多さの意味でも無意味さの意味でも、きわだっていると言えるのである（障害と記号処理の問題は、第4章で詳しく取り上げる）。

「できない」と「知らない」の差

この「記号のエチケット」は、こどもたちが数学と触れる上で、非常に大きな非効率性をもたらしている。なぜなら、記号の約束を覚えきれず、文字式計算がきちんとできない生徒でも、本当は文字式の持っている本質的な機能を理解できるかもしれないからだ。

筆者は教育学や児童心理学の専門家ではないので、文字式において「記号の約束を覚えられない」ことと、「文字式の役割がわからない」ことに、強い相関性があるのか、それともほとんど相関しないのか、それについて臨床的な結果を知らない。ただ、筆者の教育経験からすると、あまり相関がない、という印象である。前者に属するけれど、後者には属しないこどもに何人も出会ったことがある。

その中の一人を紹介してみよう。もちろん、数人の例から普遍的な結果を演繹《えんえき》する愚も心得ているので、ここでは、「そんなこどももいるんだな」程度に読んでいただき、統計的な検証は専門家の方々にお願いしたい。

筆者は先日、たまたま不登校のこどもたちを教える機会を持った。その子たちは不登校になってしまったものの、高校卒業の資格が欲しくてその学校に通っていた。不登校の理由はさまざまで、勉強で落ちこぼれたとか、いじめなどの人間関係の問題で通えなくなった、などである。

その中にこんな男子がいた。かれは、ジャージ姿で荷物も持たずに来ていた。つまり、教科書も筆記用具さえも持っていないわけだ。表情をみても、これから勉強する、という

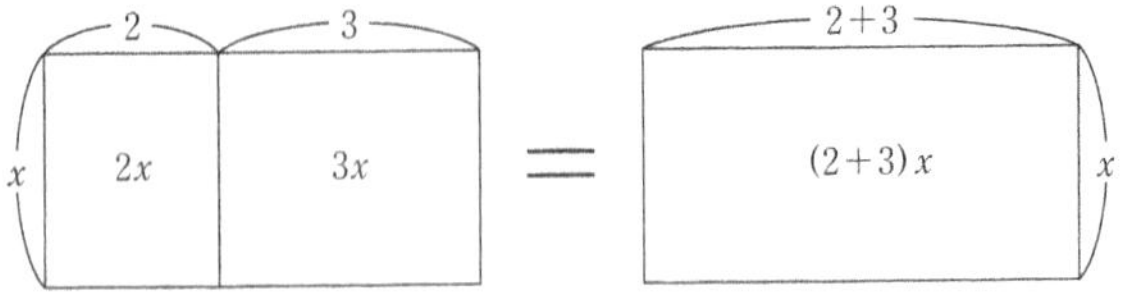

図1-2　左右は同じ面積を別の方法で計算している

雰囲気はまるでなく、仕方なく来ている、早く帰りたい、というのがありありと出ていた。筆者は、問題を選ぶために、いつ頃から数学についていけなくなったのか尋ねた。彼は、「中一ぐらい」と答えた。とすれば、ずいぶん数学と疎遠でいたはずだ。そこで、中一の初めに学ぶ文字式や方程式のドリルを渡すことにした。

　最初の問題は「$2x+3x$」であった。彼はちらっとみただけで「わかんねっす」とすぐさま答えた。筆者は、なぜそうなるかの説明を、面積図を使って行った（図1－2）。すると彼は、「何で図の長方形の面積が$2x$なのか」と質問してきた。それで筆者は、$2x$という記号が×（掛け算）を省略したものであることを彼が知らないのだと悟った。そのことを教えると彼は、なんだそういうことか、という顔をし、すぐに文字式の加法が（単純なものなら）できるようになった。

　そこで筆者は彼に、次のような例題を読んで、まねをして応用問題を解くよう指示した。例題は、「偶数と偶数の和は偶数であることを証明せよ」というもので、ドリルでは以下のように解答している。

「xとyを偶数とすると、整数aとbを使って、$x=2a$, $y=2b$と書くことができる。すると、$x+y=2a+2b=2(a+b)$ となるので、$x+y$ も偶数となる」

彼は「まったくわかんねっす」と答えた。どこがわからないのかを質問すると、「なんで a とか b とか使わなくてはいけないんすか？　2＋2が4じゃいけないんすか？」と聞き返してくるではないか。

これにはいささかびっくりした。2＋2が4じゃいけないのか、と聞いてくるのだから、少なくとも問題文は読み、問題の意味も理解できていることは確実である。さらには、「なぜ文字式を使うのか」という問いは、前項で紹介したように、非常に本質的な問いなのである。

筆者は、「2＋2＝4も確かに偶数と偶数の和が偶数になる一例だけど、それは一例にすぎないでしょ」といい、さらに「すべての偶数と偶数についてもれなく和が偶数であることを説明するためには、具体例をいくら並べていても、数は限りなくあるから、一生終わることはないよね」と続けた。そして、「文字を使うとすべての偶数のペアについて一気に説明ができる」ということを説明したのである。彼はその説明を聞いて、なぜ文字式を用いるのかということだけは納得したようだった（さすがに自分で応用するのは無理だったのだが）。

この一連のやりとりで筆者は、「ひょっとするとこの子は、できないわけではなくて知らないだけではないか」、という疑いを持ち、試しに1次方程式を解かせてみることにした。それは以下の問題だった。

「$5x+2=2x+20$を解きなさい」

もちろん彼の第一声は、「意味がわかんねっす」。そこで筆者は、図1－3のような絵を描いてみせた。その上で、「てんびんの左側に載る重さが$5x+2$グラムを表しているね。xの重さが5個とあと2グラムがあるから。同じように考えると、右側に載る重さは$2x+20$グラムだよね。そして、てんびんは今つりあっているわけだ」と説明した。そのとき、「なんだイコールはそういう意味なのか」という独り言が聞こえてきた。つまり、「イコール」という記号を、てんびんのつりあいに置き換えたことによって、彼はその意味の理解に達したのである。筆者はそれで、彼が「方程式とは何であるか」ということを知らなかっただけだ、と悟った。

そこで、方程式を解くためのステップとして、こんな風なヒントを与えた。

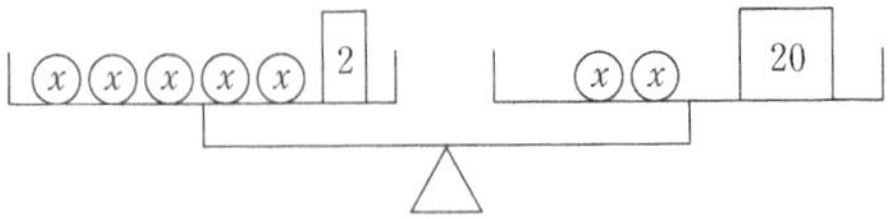

図1－3

「xが何グラムかを求めるために、てんびんのつりあいがくずれないように、両側からおもりをおろしていってみよう」

彼の解答を待っていると、彼はまずxを2個降ろした（図1－4）。次に、2グラムを降ろす（図1－5）。この図を眺めながら彼は、小さな声で恥ずかしそうに、「xは6すか？」と正解をつぶやいたのである。このように彼は、あっという間に、文字式の計算から1次方程式まで理屈を飲み込んでしまったわけなのだ。

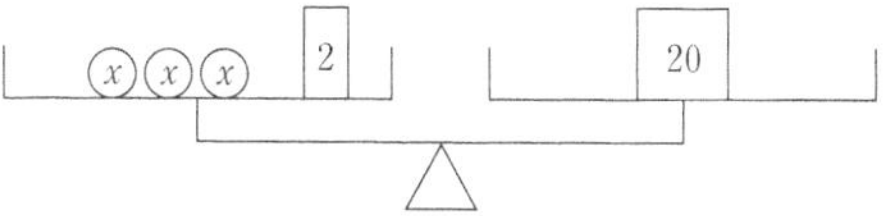

図1−4

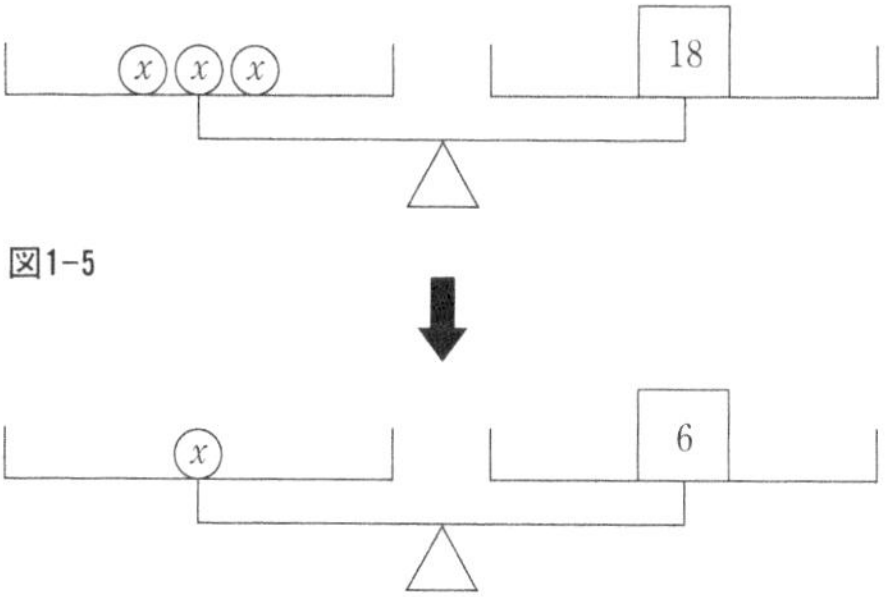

図1−5

つまり彼は、教えようによっては数学の本質的なことを理解できるのだが、彼のいうように中一で落ちこぼれてしまったのは、文字式の約束を飲み込むことができなかったことと、教師がそれを彼の能力の限界と決めつけてしまったことに原因がありそうだった。

このような実例だけをもって一般論を演繹するつもりは毛頭ないが、「文字式の持つ役割」の方が「文字式の約束」よりもずっと飲み込みやすいこどもが存在することは確かなのである。ところが、計算問題を解かせているだけでは、そういうこどもたちはひどい落ちこぼれの烙印を押されてしまうのだ。

自由な数学と規範としての数学

こどもたちが数学を毛嫌いする風潮に対して、多くの数学者や数学教育者がそれをなんとかしたい、という思いで、いろいろな発言をしてきた。

それらの発言は、おおよそ二つの種類に分類することができる。第一は、「数学はこんなに役に立つ」ということを知らしめるもの、第二は、「数学はこんなに自由でファンタスティックなものだ」と知らしめるものだ。前者は主に数学教育者が、後者は主に数学者が主張する傾向にある。

ただ筆者には、このどちらの主張も、こどもたちが直面している「数学の忌々しさ」とはかみあっておらず、だからいつまでたってもこどもたちとの溝が埋まらないのではないか、そう思えて仕方ない。

こどもたちにとっての「数学の忌々しさ」とは、端的にいって、「規範としての数学」という面であろう。数学には厳格な規範をこどもたちに課す面が強い。ルールから逸脱することに関して、最も厳しい教科だといっていいだろう。しかしこどもたちは、なぜそんなに厳格な規範で自分たちが縛られなければならないのか、それを簡単には納得できないのだ。その感覚は決して間違ってはいない。なぜなら、このような規範は、「数学の内部」においては、大きな意味を持っているとはいえず、「教育上の都合」、「大人の都合」でしかないからだ。前著『文系のための数学教室』（講談社現代新書）の再論になってしまうが、大切なことなので繰りかえすこととしよう。

アメリカの経済学者であるボウルズとギンタスの実証研究によれば、学校教育の中での語学や数学の成績は、意外なことに、「創造性」「積極性」「独立心」などとは負の相関を持ち、「我慢強い」「堅実」「学校への帰属意識が強い」「如才ない」などの性質と正の相関を持つとのことだ。つまり、学校数学は数学者たちが思うような「自由でファンタスティックな」数学という風には全く機能していない、ということである。

実際、反抗的な性向のゆえ、数学の高い素質を備えながら数学の成績が悪い子を、筆者は何人も目にしてきた。一例を挙げるなら、こんな子だ。

その子は、東大に多数の合格者を出すような東京の六年一貫有名私立校の生徒だった。しかし、数学の成績が悪く、このままでは進級もおぼつかないと学校から宣告され、親が心配になって筆者の勤務する塾に相談に来たのである。ところが筆者が教えてみると、その子はできが悪いどころか、数学オリンピックの予選くらいは通るほどに優秀だとわかった。それで不思議に思って調べてみて理由が判明した。

その子は、自分で一から考えないと気が済まない質《たち》で、授業のときもテストのときも、公式を使うのを拒否し、自分ですべてを導出しようとするのである。そのせいで、授業で教員の話を聞かず我流にこだわる反抗的なこどもと見なされてしまったのだ。また、テストのときが最悪だ。その教員のテストは、「いかに数学の能力があるか」を試すものではなくて、「いかに教員の教えに従順か」を調べるものだった。公式を暗記して猛スピードで解かないととても時間内に解けないようなしろものだったのだ。当然、一から考えるその子には時間内では解けず、ひどい点数しか取れなかった。きっとこの子は、思考力と特殊な閃きを要する問題を、十分な時間の中で解かされたなら、好成績を収めたに違いない。この子は、十分すぎる数学の才能を持ちながらも、「規範としての数学」には全く従うことができない性格ゆえに、無能の烙印を押されてしまったのである。筆者の実感では、このようなこどもが少なからずいる。

では、学校数学が厳しい規範を要求するのは不合理なことなのだろうか。

数学者たちはきっと不合理だということだろう。だが、筆者の答えは全く逆だ。経済学者である筆者は、世の中のどんなに不合理に映る事例にも、背後には何らかの合理性が働いている、そう考える習慣を持っている。

筆者は、「規範としての数学」の背後に、次のような合理性を観る。つまり、このような「我慢強い」「堅実」「学校への帰属意識が強い」「如才ない」という性向は、企業が雇用したい従業員の性向として最も好ましい、と考えるものである。したがって、「社会人養成機関」である学校に、企業のそのような要求が反映されることは理にかなっている。企業は、就職したとき我慢強く堅実に会社に忠誠を誓う社会人の養成を学校に望んでいるのだから、語学や数学に、「自由な発想」や「柔軟な思考」などはほとんど期待せず、むしろ、「規範に従うかどうかの選別」に使われることをよしとするに違いない。逆にいえば、数学者や数学教育者の発言は、（数学者の養成機関ではなく）社会人の養成機関である学校という装置の中における数学教育に対して、何の合理性も持っていない、ということなのだ。

「役に立つ」といういやらしさ

ついでに数学教育者が躍起になって説得しようとする「数学は役に立つ」という主張に対しても、筆者の否定的な見解を述べておきたい。

「数学は世の中で生きていくのに役に立つ」とか「数学はこんなところにも使われている」という「数学実用主義」を主張して数学教育の免罪符としたいという魂胆も、わからないわけではない。多くのこどものいう「こんなものを勉強して将来何の役に立つんだ」とか「無意味に難しいだけのものを教えて、自分たちをいじめているだけじゃないか」などの反論に前向きな答えを与えたい一心なのだろう。

しかし、その背後には「役に立つものなら認めてやろう」「役に立つものしか必要ない」といった発想が見え隠れすることも見逃せない。それは、極端な喩《たと》えをするなら、「自分の役に立ってくれる人としかつきあいません」「自分の利益になる人とだけ友だちになりますというような浅ましい根性と同じなのである。筆者はこういう人とおつきあいすることはごめんこうむりたいし、人間というのはもっと崇高な生きものだと信じている。

人間は、数学や語学や歴史や理科を、「役に立つ」から学ぶわけではない。もしそうなら、それらを「役に立てることができそうもない人」は学ぶ必要がない、とされてしまいかねない。さまざまな障害を被っているため社会の第一線で貢献できそうにない人は、これらを勉強しなくてもいい、などと除外されてしまうかもしれない。それはどう考えても間違っている。そうではなく、わたしたちはそれらの教科を、「尊厳のある人間の一人として生まれてきた当然の権利として」学ぶのだと思う。

アフォーダンスという考え方

ついでに、もう一ヵ所だけ寄り道を許してもらいたい。なぜなら、以下で説明する概念は、本書全体に通底するものとなるからである。

認知科学の最先端の考え方に「アフォーダンス」というものがある。これは非常にわかりにくい思想でありながら、とても示唆的なものだ。

「アフォーダンス」とは、ひとことでいうと、「生物は、外側の環境を信号として自分に取り込み、その信号を情報に変換して適応するのではなく、そもそも外側の環境そのものに情報が実在している」、という考え方である。例えば、人間やある種の動物が水中を泳げるのは、それらが「泳ぐ」という能力を自分の内部に開発するからではなく、そもそも水そのものに「泳げる」という情報が内在・実在しているからだ、と主張するわけなのだ。

例えば、病気で両手両足に障害を負った人も、訓練によって泳げるようになるという。その人が水の中で特有の動きをしながら沈まずに進んでいく様子を観察すると、その人が「腕や足なしで泳ぐ」という能力を開発しているというよりも、水に実在する「泳げる」という環境の性質をその人が普通とは違う仕方で引き出している、そう見えるのだそうだ。さまざまな動物がさまざまな固有の泳ぎ方をするのだから、両手両足がなくても泳げることには何の不思議もない。それを、各動物が個別に「泳げる」という性質を持っている、と理解するより、水自身に「泳げる」という性質が実在している、という考え方を「アフォーダンス」は取るのである。

アフォード（afford）という英語は、「〜ができる、〜を与える」という意味の動詞である。アフォーダンス（affordance）は、それが名詞化されたものなのだが、英語本来の表現ではないそうだ。この動詞のほうを使うならば、「水は、〝泳げる〟という情報を生物にアフォードしている」という風に表現できる。アフォーダンスは、事物の物質的な性質ではなく、「動物にとっての環境の性質」である。そして、アフォーダンスは、知覚者の主観が構成するものではなく、「環境の中に実在する知覚者にとっての価値ある性質」なのである。

アフォーダンス理論の成立

アフォーダンス理論は、ジェームズ・ギブソンというアメリカの知覚学者によって、一九六〇年代に完成されたものだそうだ。そして、一九八〇年代に入って、「人工知能」について研究している認知科学者に注目され、現在ではこの分野のキーワードの一つとなっている。

ギブソンがこの理論にたどり着いたプロセスには、さまざまな実験結果の解釈があるのだが、その中の代表的な一つを紹介しよう。

ギブソンは、ある時期、解剖学者のG・I・ウォールズと出会い、大きな影響を受けることになった。それは、動物の眼の機能についての研究だった。

眼という器官が環境から光を受容するかたちは、大きく分けると二種類ある。凸状か凹状かである。ちなみに人間の眼は凹状だそうだ。凸状である昆虫の眼には、人間の眼のレンズや網膜のような感覚面がない。したがって、眼に入る光を一点に集めることも、像を結ぶこともない。このような眼でも、人間などと同じように、十分な視覚の機能を果たしているのは人間からすれば驚くべきことである。このことは、わたしたちの知覚に対する認識に変更を迫る。「ものを見る」という行為は、何もわたしたちの眼が行っているような方法に限るわけではないのである。

このとき、二つの解釈がありうるだろう。第一は、「視覚を生み出す方法は多様にあり、それぞれの生物がそれぞれの方法で独自の視覚能力を備えた」というもの。そして第二は、「視覚というのは、そもそも事物の側に備わった性質であり、その事物に備わる〝見える〟という性質を生物はそれぞれ固有の方法で抜き出している」というものだ。ギブソンは後者の解釈をとり、そこからアフォーダンス理論にたどりつくことになったのである。

「能力」と「障害」

これだけでは読者がアフォーダンスについて、十分な理解に達するとは思えないし、何を隠そう筆者もまだよく飲み込むことができていない。「普通の認知理論と同じことを、言葉を換えて言っているだけではないか」という反論に、筆者は対抗するすべがない。

しかし、それでもこの理論は、筆者にとって非常に魅力的な理論なのである。なぜなら、この理論は「能力」というものについて、常識と逆転した発想を与えてくれるからだ。とりわけ「障害」というものの捉え方について、ある種の希望をもたらしてくれる可能性が高い。

そこで、このアフォーダンスの観点から数学を見直してみることとしよう。

自然や社会の特定の事物たちには、「数理的に表現できる」という性質が備わっているのではあるまいか。そして数学認識とは、このような「数理的に表現できる」という環境の持つ性質を受け取る感覚器官だと考えることはできないだろうか。このことは、例えば、冒頭の負の数についての話を再読すればなんとなくわかってもらえるように思う。

このように考えれば、たいていのこどもが数学に熟達できることも納得できる。それは教師たちから教えられたからでも、自分でがんばって適応したからでもなく、事物からそれをアフォードされるからなのである。この仮説が正しいなら、動物の眼の多様さと同じように、「数理的に表現できる」という性質を受け取る感覚器も多様であっていいはずだ。つまり、「数理的なものごと」のわかり方、受け取り方は多様にある、ということなのだ。

このようなアフォーダンス的な見方に立脚すれば、「数学ができる子・できない子」のような分類に、ほとんど意味がないと気づくだろう。なぜなら、「能力」は人の側ではなく、事物の側にあるからだ。学習障害や知的障害は、「健常者に共通する感覚器からは数学を受け取ることができない」、ということを意味しているにすぎない。決して数理的なものごとの受容の完全な欠如を意味しているわけではないのだ。教育者は、自分の（数理的）感覚器を普遍的なものと思いこまず、こどもの側だけではなく事物の側に備わるアフォーダンスのあり方にも注意を払うべきなのである。

文字式は、ソフトウエアのようなものだ

ずいぶん寄り道をしてしまった。本論に戻ることとしよう。

文字式は、「規範としての数学」という不要な困難を抱えているものの、数学的には非常に本質的な道具である。それは、かっこよくいうと、「具体性から普遍性へ」という思考の飛躍を可能にするものだからだ。

例えば、最初に例とした「$3x-x=2x$」という計算は、「$ax+bx=(a+b)x$」という計算法則の一例である（$a=3$, $b=-1$の場合）。つまり、「a、bをそれぞれ掛けてから加える、という操作と、aとbを加えてから掛ける、という操作が同じ結果をもたらす」ということなのである。

このような「文字式の計算」を理解することがなぜ重要なのだろうか。それはこれが「普遍的な計算」だからだ。さきほど説明したように、「$3x-x=2x$」という結果を知っていれば、xがどんな具体的な数でもそれは一つの例外もなく成立することがわかる。

文字式が持つこのような「普遍的な計算」というのをこどもたちに理解してもらうには、どんな喩えを持ち出すのがいいだろうか。昔のこどもならいざ知らず、現代を生きるこどもたちには「コンピュータ」が一番適切だろう。現代のこどもたちは、ゲーム機などであたりまえのようにコンピュータに接触しており、その機能をよく心得ている。コンピュータというのは、要するに、「何かの命令をするとそれを実行してくれる機械」であり、文字式というのは、そういう意味で、「最小サイズのコンピュータ」なのだ。

再び、さっきの式の左辺の「$3x-x$」という文字式を例にとろう。この式は、「入力された数を3倍し、それから元の数を引き算しなさい」という命令を表している。実際、xに4をインプット（入力）するなら、結果として8がアウトプット（出力）する。このように、この文字式は、外から数が入ってきたら、決まった規則で計算を実行するコンピュータだとみなすことができるわけだ。

このとき、「$3x-x=2x$」という式は何を意味するのだろうか。それは、「インプットされた数を3倍し、それから元の数を引き算してアウトプットするコンピュータ」が、「インプットされた数を2倍にしてアウトプットするコンピュータ」と全く同じ、ということである。そして、どうせ同じ結果を出すなら、より単純な計算システムである後者のほうが効率的だといえる。このことが、「文字式の計算(簡約化)がなぜ必要か」という問いへの答えなのである。

外からどんなものがインプットされても、決まった方式で命令を実行するものは、アルゴリズムとかプログラムなどと呼ばれる。文字式とは、一種のアルゴリズムやプログラム、あるいはソフトウエアのようなものだと理解することができる。

以上のような文字式の捉え方をこどもたちに理解してもらう簡単な演習問題として、次のようなものがある。

生徒たちに、まず、次の指示をする。

「3ケタの好きな数をノートに書いてください。次に同じ3ケタの数をつなげて6ケタの数にしてください。その6ケタの数を7で割ってください。さらに得られた商を11で割ってください。最後に、得られた商を13で割ってください。どうですか？　元の数に戻っているでしょう」

これは生徒たちが、どんな3ケタの数を使って計算しても結果は必ず元の数に戻る。例えば、257をノートに書いたとすると、

「257↓（同じ数をつなげて6ケタにする）↓257257↓（7で割る）↓36751↓（11で割る）↓3341↓（13で割る）↓257（最初の数）」

となる。

たいていのこどもはこの結果に驚き、不思議に思う。そして、その「驚き」に対して、謎解きをするには、以下のように文字式を用いるとよい。

「任意の3ケタの数x↓（同じ数をつなげて6ケタにする）↓$1000x+x=1001x$↓（7で割る）↓$143x$↓（11で割る）↓$13x$↓（13で割る）↓x」

いうまでもないことだが、途中の「$1000x+x=1001x$」という計算に、例の公式「$ax+bx=(a+b)x$」が使われていることを確認して欲しい。このxを使った計算によって、こどもたちはさきほどの結果がどんな数に対しても成り立つことが理解できる。これによってこどもたちは、「文字式が、同じプロセスのたくさんの具体的な計算を抽象化し、一気に処理するものであること」や「文字式がアルゴリズムであること」を、身をもって学ぶ

ことができるのである。

2次の代数の難しさ

代数が次なる段階に入るのは、中学三年である。それは「2次の代数」を学ぶことだ。

2次の代数というのは、2乗の関わる代数、という意味である。なんとかここまでは代数をクリアしてきたこどもも、そのうちの多くが、ここで決定的に数学との関係を悪くする。

2次の代数の難しさは、それまで習ってきた「比例的な」文字式処理の感覚が通用しなくなる、ということだ。たとえば、「$2x+3x$」のような計算は、共通するxを無視して2と3を加えることができて「$5x$」となったが、2乗の計算ではそれが通用しない。すなわち、「2^2+3^2」という計算では、2乗を無視して2と3を加え、できた5を2乗して25とすると誤りになってしまうのだ（実際は13となる）。このように、なんとかかんとかこれまで踏ん張ってクリアしてきた代数計算が、ここにきて根底から崩壊してしまうのだからまいるだろう。

2次の代数は、展開、因数分解、平方根、それと2次方程式から成る。しかし、こどもたちの学習上一番重要なのは2次方程式であり、展開、因数分解、平方根はすべてこの2

次方程式が解けるようになるために学ぶといっても過言ではない。であるにもかかわらず、展開、因数分解、平方根の単元での学習で、あまりにたくさんの公式の習得が要求されるため、多くのこどもたちは2次方程式にたどりつく前に音を上げてしまうのが常である。目的地の見えない長く不毛な作業は、写経のような苦しさだからだ。

ところが、2次方程式の解法の原理だけを理解するのだったら、そんなに難しくはないのだ。それはおおよそ二つの原理から成る。第一は、

「2次式は必ず1次式掛ける1次式と因数分解できる」

ということ（ただし、数世界を平方根の加わったものに拡張しておかねばならない）。そして、第二は、

「二数を掛けてゼロになるなら、二数のうち少なくともどちらか一方はゼロでなければならない」

ということである。具体例で説明しよう。例えば、2次方程式

$$x^2-2x-3=0$$

が解きたいとする。左辺を第一原理で「1次式掛ける1次式」に因数分解すると、

$$x^2-2x-3=(x-3)(x+1)$$

となる。だから、解くべき方程式は、

$(x-3)(x+1)=0$

である。そして、第二原理から、掛けてゼロになるなら一方はゼロだから、

$(x-3)=0$ または $(x+1)=0$

となる。もしも左が成り立つなら、$x=3$で、そうでないなら右が成り立たなければならず、$x=-1$となる。つまり、2次方程式の解は3または-1ということになるのだ。

筆者は、2次の代数の究極の目標は、この解法を理解することだし考えている。なぜなら、ここで用いた二つの原理が、いわば「代数学の二大基本原理」だからである。しかし、現在の教育では、このような解法にたどりつくために、大量の「展開」に関する訓練、大量の「因数分解」に関する訓練、そして大量の「平方根」に関する訓練を課す。多くの生徒がうんざりしてリタイアしてしまう気持ちは痛いほどわかる。

2次の代数は世界の「ひずみ」を表現する

それでは、2次の代数や2次方程式を学ぶ意義というのはいったい何なのだろうか。

それはひとことでいうと、「このわたしたちの住む世界がある種のひずみをもっている」ということを理解することだ。

科学史をひもとくと、人類は「比例的な宇宙観」から脱し、次第に「2次代数的な宇宙

観」を構築していったことがわかる。

その最初の例は、ガリレオ・ガリレイによる「落体法則」の発見である（これは第3章でも扱う）。彼は、非常に緩い傾斜の坂でボールを転がすことによって、落下距離が落下時間ではなくその2乗に比例することを発見した。つまり、ここで人類は現実として、2次の代数に遭遇することになったわけだ。

その後、ケプラーが、火星の軌道は円ではなく「楕円」であることを突き止め、火星の運行についての諸法則を発見することとなった。これもある意味で、2次の代数で表現されるものであった。ニュートンは、このガリレオとケプラーの発見を結びつけて、「ニュートン力学」を完成する。ニュートン力学によって、全く異なる現象に見えた地上の落体法則と火星の運行の法則が、結びつくことになったのである。それは同時に、物質の運動が2次の代数で表現される理由が解き明かされたことも意味している（専門的にいうと、2階の微分方程式で表現できる、ということ）。このように、2次の代数を知ることは、わたしたちの地球と、そして宇宙の仕組みを知ることとイコールなのである。

その2次の代数を象徴するのは、

$$(a+b)^2=a^2+b^2+2ab$$

という公式だといっていい。左辺から右辺を導くのがいわゆる「展開」で、右辺から左辺を導くのが「因数分解」である。

　しかし、この公式はこどもたちにはハードルが高い。なぜこの公式が身に付きにくいか、というと、「$2ab$」という「意外な項」が出現するからだ。つまり、左辺から右辺へと2乗を分配する際に、この$2ab$という項を付け加えるのを忘れないようにしないといけないのだが、それが直感的でないからであろう（$a=2$, $b=3$を代入すれば、前項で出した例となる。2^2+3^2と$(2+3)^2$の差異が、この$2ab=2\times2\times3=12$であることが確認されよう）。

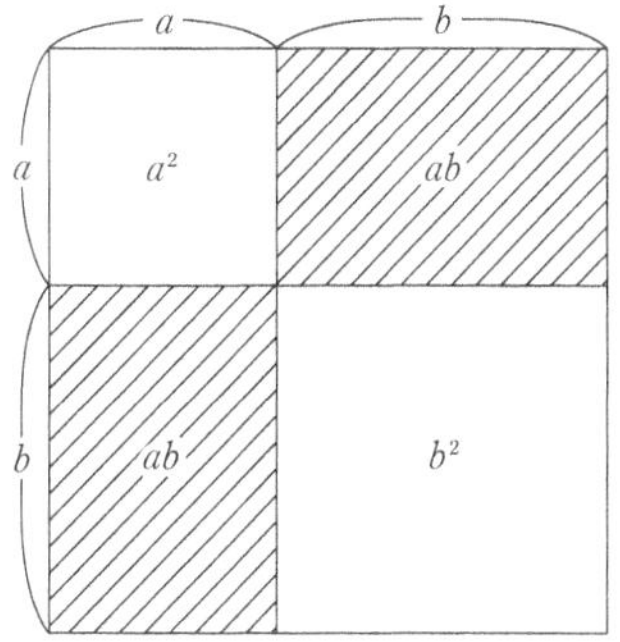

図1-6　$(a+b)^2=a^2+b^2+2ab$

　ところで筆者には、この$2ab$という項が出てくることこそが、2次の代数の本質であり、それがわたしたちの宇宙のある種の「ひずみ」を表現している、そう思える。だから、この2次の代数をこどもに教えるときには、くどいほどこの$2ab$に言及するのである。

　項$2ab$を印象づけるには、やはり面積図が一番だろう。図1-6のような面積図をこどもたちの脳裏に焼き付けるのが良い。図では、斜線部の面積がこの項を表している。ただ、この図を見ただけでは、理屈自体はわかっても、それが「身体でわかる」には及ばない。こどもたちが$2ab$という項の意味を「体感」するには、何かもう一工夫が必要である。

十円玉の実験

筆者は、「項$2ab$を体感する」ためのモデルとして、次のような物理学の問題をこどもたちに与えることにしていた。

「十円玉を指ではじいて、止まっている十円玉にぶつけなさい。どうなるでしょう」

そして、実験で結果を見る前に、数学的に問題を解いてみるのである。これを解くための原理として、次の物理における有名な二つの原理を紹介する。第一は、

「二つの十円玉の速度の合計は、衝突前と衝突後で変化しない」

第二は、

「二つの十円玉の速度の2乗の合計は、衝突前と衝突後で変化しない」

である。前者がいわゆる「運動量保存則」で、後者が「運動エネルギー保存則」なのだが、別にそれに言及する必要はない。将来に物理を学ぶときのお楽しみ、と言って、さらっとかわしてしまうのがコツだ。

この二原理に、先に紹介した原理「二数を掛けてゼロになるなら、二数のうち少なくと

もどちらか一方はゼロでなければならない」を加えると、次のようにわりあいあっさりと答えを出すことができる。

最初にはじいた十円玉の速度をVと書こう。そして、その十円玉の衝突後の速度をa、止まっていた方の十円玉の衝突後の速度をbと置く。

第一原理から、$a+b=V$　……①

第二原理から、$a^2+b^2=V^2$　……②

要は①と②を連立方程式として解けばいい、というわけだ。そのために自然な発想として、①式の両辺を2乗してみよう。

$a^2+b^2+2ab=V^2$　……③

となる。ここで項$2ab$が出現するのがミソなのだ。この③式と②式を見比べると、$2ab=0$、つまり$ab=0$がわかる。2数の積abがゼロになるなら、aかbか少なくとも一方はゼロでなくてはならない。$b=0$とすると①式から$a=V$となってしまい、はじいた方の十円玉が衝突された十円玉をすり抜けてそのまま進んでいくことを意味しておかしい（ここで「跳ね返った」ことを意味しないのが重要だ。跳ね返ると速度はVではなく、$-V$となる）。したがって、解は$a=0$と$b=V$の方でなければならない。すなわち、はじいた方の十円玉は静止し、衝突された十円玉が同じ速度で動き出す、それが答えとなるのである。

この問題のいいところは、すぐさまこどもたちが実験によって、結果の正しさを確認できることだ。机の上で二枚の十円玉で実験させてみると、解答通りの結果（ぶつかった十円玉が静止し、ぶつかられた十円玉が動き出す）が目の前に実現する。代数公式が、「現実」となって目前に現れるのである。

ルート数の難しさ

ルート2とかルート3などの数（平方根）は、専門的には「2次の代数的数」と呼ばれる。それは（整数係数の）2次方程式の解となる数だからだ（例えば$\sqrt{2}$は、$x^2-2=0$の解となる）。これらの数は、こどもたちにとって難物である。まずこれらの数の「意味」がよく飲み込めない。これは概念の難しさばかりではなく、$\sqrt{}$という記号が、数の理解にとってあまり適切な記号ではないことにも原因がありそうだ。ここでも「記号の約束」

が災いしている。それに加えて、これらの数の計算規則が相当ややこしいことも困りものである。

歴史をひもといても、それはなるほどと思わせる。これらの数を発見したのは、ギリシャ時代の数学者ピタゴラスだといわれている。ピタゴラスは、数学者である以前に、宗教団体の教祖だった。自分の唱える宗教の一部として、宇宙の法則や数学の法則を探求していたのである。

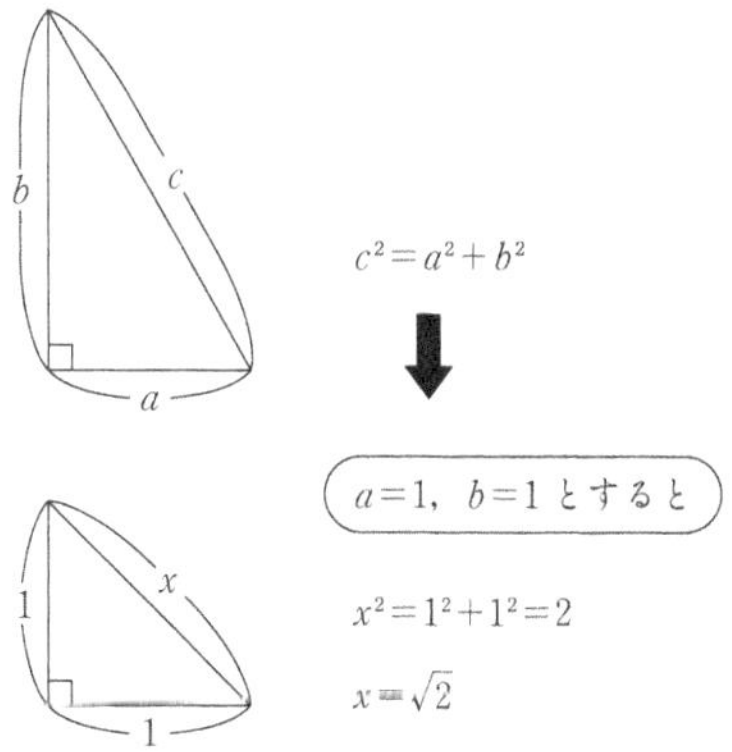

図1–7　ピタゴラスの定理

ピタゴラスは、「ピタゴラスの定理」という今でも自分の名が残る著名な定理を発見している。それは、「直角三角形の斜辺の2乗は、他の二辺の2乗の和となる」というものだ。これを等辺が長さ1の直角二等辺三角形に当てはめると、斜辺にルート2が現れる（図1－7）。

しかし、この偉大な発見がピタゴラスにとっては不幸なできごとだった、というから皮肉なものである。ピタゴラスは、「宇宙に存在する物質は粒のような粒子でできているから、どの物質の量も整数比で測れる」という思想を持っていた。ところが直角二等辺三角形の等辺（長さ1）と斜辺（ルート2）は、整数の比で表せないことが自らの教団で証明されてしまったのだ。これは、現代的にいうと、ルート2という数が無理数（整数÷整数で表せない数）であることを意味している。これは、どの量も整数の比で測れる、というピタゴラスの思想に反する事実だったのだ。それでピタゴラス教団はこのルート2という数を「異端の数」として外には公表しなかったらしい。

このように、ルート2という数は、天才ピタゴラスでさえ意表を突かれた数であり、自分の自然観にそむく数だったわけだから、わたしたち凡人にそうであっても何の不思議もないことである。実際、無理数とは何であるかをかなりはっきりさせるには、集合論（詳しくは第5章を参照のこと）が完成する十九世紀を待たなければならなかったのだ。

ルート2やルート3などをこどもたちに説明するときに最も困るのは、それらの数の正体をごまかしなしに正確に述べるために「無限回の作業」が必要となる、ということだ。

有理数3分の1の場合は、それを小数で表すと、0.333……のように3が繰り返される小数になる。7分の1の場合も、0.142857142857……のように「142857」の部分が反復される循環小数になる（数字0の循環も許すなら、すべての有理数はこのような循環小数である）。したがって、例えば、これらの数の小数点以下1万位がいくつであるか問われれば、労せず答えることができる。しかし、ルート2に対してそういうことはできない。ルート2は無理数であり、反復する「循環節」を持たないからである。

ルート2を小数として表す方法は、例えば、次のような手続きを取ることになる。

まず、0の2乗、1の2乗、2の2乗……と計算していって、2がどの間に入るかを見る。結果は1の2乗と2の2乗の間だ。このことから、ルート2が「1から始まる小数」であることがわかる。次は、1.0の2乗、1.1の2乗、1.2の2乗……、1.9の2乗、と計算して、整数2がどの間に入るか見る。結果は1.4の2乗と1.5の2乗の間となる。それでルート2の最初の2ケタが1.4であるとわかる。以下同様にこの作業を繰り返すと、1.414……と逐次的に定まっていく。

これが3分の1や7分の1のときと全く違うのは、それらのときは具体的割り算の途中で反復が発見され、そこからはもう計算しなくても「数の全貌」が見えるのに対して、ルート2のときは作業の途中で反復が起きず、具体的な計算をし続けなければならない、という点だ。つまり、この作業を「無限の先まで」繰り返さないと「数の全貌」が明らかにならないのである。このように、どこまで行っても全貌の見えない数を実在のものと理解するのはとても困難なことだ。数学者にとってさえそうだから、こどもたちにとってはいうまでもないことなのである。

「割り切れないもの」の深淵

このような反復のない数「無理数」の代表例は、円周率πであった。円周率は、小学生も教わるから、何もルート数が最初の例というわけではない。多くの小学生は、円周率は繰り返しのない、永遠に不規則に数の並ぶ小数であることを心得ている。それは、テレビにときどき登場する「円周率を長く唱えることのできる暗記の達人」のおかげだろう。もしも、円周率がどこかで反復するなら、暗記などに何の意味もないからだ。

先年、日本において、小学生の教科書で円周率を「約3」と教える、という暴挙がまかり通ってしまい、衝撃を受けた数学関係者は多かった。中でも面白かったのは、『ノーライフキング』などの名作小説を書いた作家、いとうせいこう氏の反応だった。いとう氏は、新聞に次のような趣旨のエッセイを掲載した。

「自分は数学が苦手だったが、数学に対しては畏敬の念を持っていた。その最たるものは円周率である。円周率はどこまで行っても終わらないし、繰り返さない数である。自分はこの円周率によって、世の中には割り切れないものがある、ということを知った。自分は算数によって世界の深淵を知ったのだ。それを今のこどもは、〝約3〟と教わっているという。これでは、割り切れないものの存在をこどもが感じることができない。こんなごまかしをするなら、算数とは呼ばず、〝約算数〟と呼ぶべきだ」

「約3」に引っかけて、「約算数」と落とすとは、さすが作家だが、いとう氏のいう通り、無理数というのは人間の思念の限界への挑戦だといっても過言ではないのだ。人間は常に「有限」という限界に直面している。人間が扱えるものや扱える時間は有限だからだ。けれども人間は、無限に思いをはせることはできる。感じることはできる。その意味で、人間の思考は、人間の物質的な限界を超越している、といっていいわけである。

そして、このことをこどもが感じることができる最初の題材が、円周率をはじめとした無理数の存在だろう。だから、「無理数を記号計算的にきちんと操作できる」などということはどうでもいいことであって、それよりも、無理数というものを通じて「無限」「連続」「不規則」などといった超越的な概念と触れあうことの方が、こどもたちの成長には欠かせないことだと思える（「数とは何か」「無限とは何か」についての数学者たちの悪戦苦闘の話は、第5章にある）。

ウィトゲンシュタインの無理数についての思索

2次の代数の話を締めくくるにあたって、哲学者ウィトゲンシュタインの無理数についての思索を紹介しよう。

ウィトゲンシュタインは、いうまでもなく、二十世紀最大の哲学者の一人だ。とりわけ、数理論理学を基礎にした哲学を展開したことが特徴的だった。ここで紹介するのは、『ウィトゲンシュタインの講義II　ケンブリッジ1932—1935年』（野矢茂樹訳）という本に収録されている彼の講義の一部である。

収められている講義は、ウィトゲンシュタインが前期の思想から中期・後期の思想へと転換する重要な時期に行われたもの。前期思想の結晶である『論理哲学論考』という金字塔を打ち立て、これによって哲学的な問題をすべて解決した、と彼はいったん信じたのだが、この時期にその考えから離脱し、新しい哲学の構築に向かったのであった（前期思想については、前著『文系のための数学教室』か、あるいは鬼界彰夫『ウィトゲンシュタインはこう考えた』（講談社現代新書）などを参照せよ）。それは、後に「言語ゲーム」と呼ばれる重要な思想に結実する思索だった。

前期思想でウィトゲンシュタインは、言語を「世界を映す像」と見なした。言語が表すのは、「自分にとっての事実そのもの」であり、命題論理のように明確に意味の定まったものだった（論理学については第2章で少し触れる）。ところがその後、彼は、全く別の言語観に移行していく。それは、言語を「ゲーム」と比較する考え方であった。つまり、「言語とは一群の文法規則に従って言葉をやりとりする活動に他ならない」、そう考えるようになったのだった。以下、野矢茂樹によるあとがきなどを参考にしながら書いていこう。

ウィトゲンシュタインは、「わたしたちがものごとを理解する」ということがどういうことなのか、という問いかけをする。例えば、教師が生徒に緑色の色見本を見せ、そして「これと同じ色を緑色と呼ぶ」と教えた場合、生徒は目の前の黄色いレモンを「これは緑色だ」といってしまうかもしれない。教師が「違う、これは見本と同じ色ではない、ほらよく見てごらん」といって色見本を持ってきても無駄なのである。この教師の失敗は、「同じ色とは何を意味するか」を説明していないことにあるからだ。生徒は、教師の思っているのとは違う規則で「同じ色」ということを解釈し、それでレモンを「緑色」といってしまったのかもしれない。しかし、教師にはそれを否定する材料が何もないのだ。この生徒が、「レモンは緑色ではない」ということを答えられるときは、生徒が「レモンは緑色と同じ色ではない」という用法によって「同じ色」という使い方の規則を飲み込んだときだと彼はいう。つまり、使い方の規則の理解がことばの理解と等しい、ということなのだ。

このことをウィトゲンシュタインは無理数を例にして次のように説明する。

πが無理数であることの証明が為される以前には、πの展開に繰り返しがあるかどうか、という問いは、それにどういう方法で答えるかが定まらないかぎり、明確な問いとはならなかった。

あるいは、少し長い引用になるが、こうもいっている。

3分の1と5分の1の場合とでは、その循環性の問いは同じものとなっているが、ルート2に対して循環性を問うことはまったく異なったものとなっている。$\sqrt{2}$=1.414……が与えられたとする。『14は繰り返すのだろうか』と問われたならば、諸君は逆に『君はどういうときそれが繰り返すというのか』と尋ねかえすことができる。そう尋ねかえすことによって、彼の問いの意味を彼から聞き出すのである。彼が『次の数字が1でなかったならばそれは繰り返していないと言うだろう』と答えるならば、それで彼の問いの意味することがわかったことになる。いずれにせよ、彼はその問いがどう答えられるべきかを言わねばならない。もし問いが、なんらかの循環性が見出されるかどうか、というものであるならば、それにはまだ何の意味も与えられていないため、無意味な問いが立てられていることになるだろう。

このように、ウィトゲンシュタインは、循環小数や無理数を用いて、「問いに答えられるという事実こそが、問いの意味を示している」ということを説得するわけだ。そして、問いに答える方法は多様であり、したがって、問いの（言語の）意味も同じように多様だ、という。このようなことは、「規則の恣意性」と呼ばれている。ウィトゲンシュタインは、「われわれがπを作ったのだから、われわれはその帰結をすべて作ったのだ」とも述べている。つまり、無理数を学ぶということは、「無限に関する言語ゲームを行う」ことであり、その規則をはっきりさせながら、一歩一歩手探りで対話を続けていくことだ、と考えているのだ。

このようなウィトゲンシュタインの思索を、無理数の学習のあり方に結びつけてみよう。ウィトゲンシュタインのいうように、無理数とは何であるか、そして個々の無理数は本当に実在の数なのか、といったことを理解するには、「その無限小数を定義しているその仕方」を理解するのが肝要である。

しかし、実際の教育では、例えばルート2という数は、あたかも最初から存在するかのような立場からスタートしている。これではウィトゲンシュタインのいう言語ゲームが実行されないで終わってしまう。つまり、こどもは「ルート2はかくかくしかじかである」

という文の意味を理解するに至らない、ということになるのである。

こどもたちに、その込み入った計算規則を機械的に実行するマシンとなることを強要する前に、やるべきことがあるだろう。つまり、「ルート2とは何か」「πとは何か」という問いの意味が、どのような「規則の適用」によってはっきりとした問いになるのか、それを明確にすることである。これこそが、無理数に関する言語ゲームの入り口であり、数と無限の深淵を理解する第一歩になるのだ。このような問いは、困難であることは疑いないが、こどもたちの中にもきっと存在している「無限」に対する認識を引き出す、格好の材料であるはずである。本書では、第4章と第5章で、この問題に再び戻ることとしよう。

第２章　幾何でのつまずき

～論証とＲＰＧ～

何がこどもを幾何嫌いにするのか

日本では、幾何教育は小学校の算数のときから徐々に始まるのだが、幾何嫌いが多発するのは中学生のときだ。それも、ほとんどが「証明」という手続きを学んだときである。

なぜ中学生は、「幾何の証明」をそんなに嫌うのだろう。それは一言でいえば、「見た目であたりまえのことをきちんと論証しなければならず」、しかも「その手続きとして、やっていいこととやっちゃいけないことが非常にわかりにくい」ということに尽きる。

例えば、ここに「二辺の長さが等しい三角形の二角は等しい」という定理がある（俗に二等辺三角形の「底角定理」と呼ばれる定理である）。もう少し正確に述べると、

「三角形ABCにおいて、AB＝ACであるならば、角B＝角Cである」

ということだ（図2－1）。中学の幾何の学習においては、この定理に対する「証明」が要求されるのである。

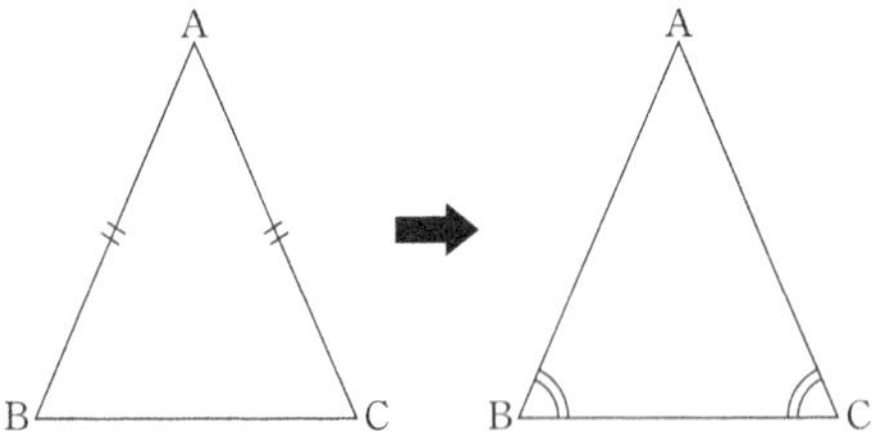

図2-1　二等辺三角形の底角定理

この定理を前にしてこどもたちが最初にとまどうのは、「図でアタリマエに見えることをなぜ証明するのか」、という点だ。図を見る限り、この定理はビジュアル的にはすでに「事実」そのものといっていい。それに加えてこどもたちを混乱させるのは、この定理が、小学生のときには「二等辺三角形の性質」として無条件に認められていた、という学習経験があることだ。小学生のときは「アタリマエ」とされていたものが、中学生になって、突然「アタリマエではないから証明せよ」と手の平を返されるわけだから、素直なこどもほど当惑するのは当然である。

とまどいからどうにか気を取り直して、この定理を証明してみようと試みると、次なる「わけのわからなさ」に遭遇する。例えば、

「三角形ABCを、辺ABを辺ACに重なるように半分に折り曲げるとぴったり重なるから」

というのは、証明とは認められない。同じことだが、もうちょっと数学的な表現をとって、

「三角形ABCはAを通る軸に関して左右対称だから」

といってみても教師にダメ出しをされてしまうのだ。

そうして正解として教わる証明は、以下のようなものである（次頁図2－2）。

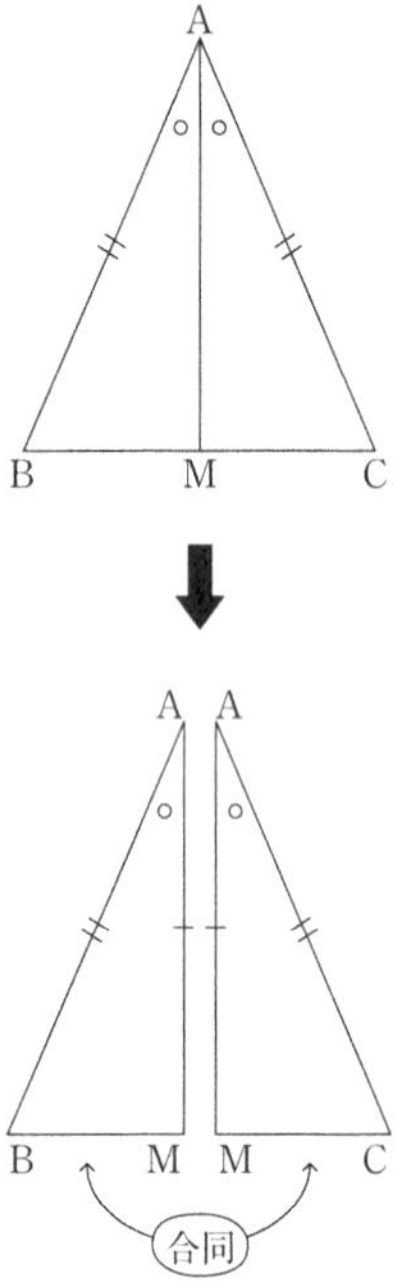

図2-2

「頂角Aの角の二等分線と底辺BCとの交点をMとする。すると、三角形ABMと三角形ACMにおいて、二辺とその間の角がそれぞれ等しい。これは二辺夾角相等という合同条件にあたるので、この二つの三角形は合同とわかる。角Bと角Cは、合同な三角形の対応する角にあたるので、等しいことが示された（証明終わり）」

さて、読者のみなさんも、この証明をお読みになっても、ダメ出しされた前の二つの証明といったいどこが本質的に異なっているのかわからない、とおっしゃることだろう。実際、多くの中学生も全く同じ混乱に陥る。しかし、教師から、どこに正解不正解の分かれ目があるのか、納得のいく説明を受けることはほとんど期待できない。

幾何というからには「図形の性質」を明らかにするものだろう、というのは自然な発想だ。それなのになぜ、「論証」という、いってみれば「緻密な理屈」が必要なのか、そういう疑問が初学者を混乱させることはあたりまえといえばあたりまえである。しかも、その「理屈」の中には、「正しい理屈」と「間違った理屈」の区別があるというのだが、大差ないように見える理屈がどうしてそういう風に正誤に分類されるのか、教師の個人的な趣味を反映しているだけではないか、そういった反感が渦巻くことだろう。

ギリシャ幾何学vs.バビロニア幾何学

このようなつまずきが起きるのは、幾何の勉強が、「図形の性質」と「論証」という全く異なる二つの側面をいっしょに扱っているからに他ならない。ところが、「幾何学を論証とペアにして扱う」ことは、決して、そうでなければいけないというものではないのだ。このような流儀は、ギリシャ数学の伝統から来たものであり、幾何学を扱うための一つの方法論にすぎないからだ。

実際、ギリシャよりも古い文明を持つエジプトやバビロニアでも、ギリシャとほとんど同じだけの幾何学の知識を持っていたそうだ。しかし、エジプトやバビロニアの学者たちは、図形の法則を「ただそうである事実」と受け取り、「どうしてそうであるか」ということには興味がなかったのである。それに対して、ギリシャの学者たちの幾何学へのスタンスは違っていた。図形の法則を、「ただそうである個別の事実」とは済まさずに、「相互に関連づけ」たり、「根拠付け」をしたりすることに興味を持ったのだ。

どうして、このように同じ時代でも学者の性格が違っていたのだろうか。その理由を、ギリシャが海洋国家でありポリスと呼ばれる地方分権の都市国家であった、ということに求める学者が多い。エジプトやバビロニアには、「国王」にあたる人がおり、「絶対的な力」「絶対の権威」が存在していたので、法則は法則であり、そこに理由など必要はなかったのだろう。それに対してギリシャでは、各地域がポリスと呼ばれる自治体で、それぞれに力を持っていたので、「話し合い」や「説得」は重要だった、という意見はそれなりに説得力がある。

実際、紀元前六世紀頃の学者であり政治家であり商人でもあったタレスは、エジプトに留学してギリシャに戻ったとき、そのままエジプトの幾何知識を伝えることをせず、図形の法則に対して根拠付けを行おうとした。例えば、冒頭に紹介した底角定理を次のように証明したそうだ。

「三角形ＡＢＣを裏返したものを、そのまま元の三角形ＡＢＣに重ねてみよ。元の三角形と裏返した三角形とでは、そのままの順序において二辺夾角相等が成り立つので合同である。ところで元の三角形の角Ｂに重なっているのは、裏返す前の角Ｃであるから、Ｂ＝Ｃとなる」（図２－３）

この証明は、補助線が不要、という点でさきほど紹介した証明より優れている。

このようにタレスは、「証明」の祖といっていい。その後のギリシャの天才、ピタゴラスやアルキメデスなども、タレスを見習って、程度や方法の差こそあれ基本的にはこのような「根拠付け」＝「証明」を付与した幾何学を展開していった。

このような「根拠付け」による幾何学の手法を集大成したのが、ユークリッドという人であった。ユークリッドがどんな人物かあまりよくわかっていないのだが、紀元前三〇〇年頃に活躍したアルキメデスよりは少し年長の人らしい。

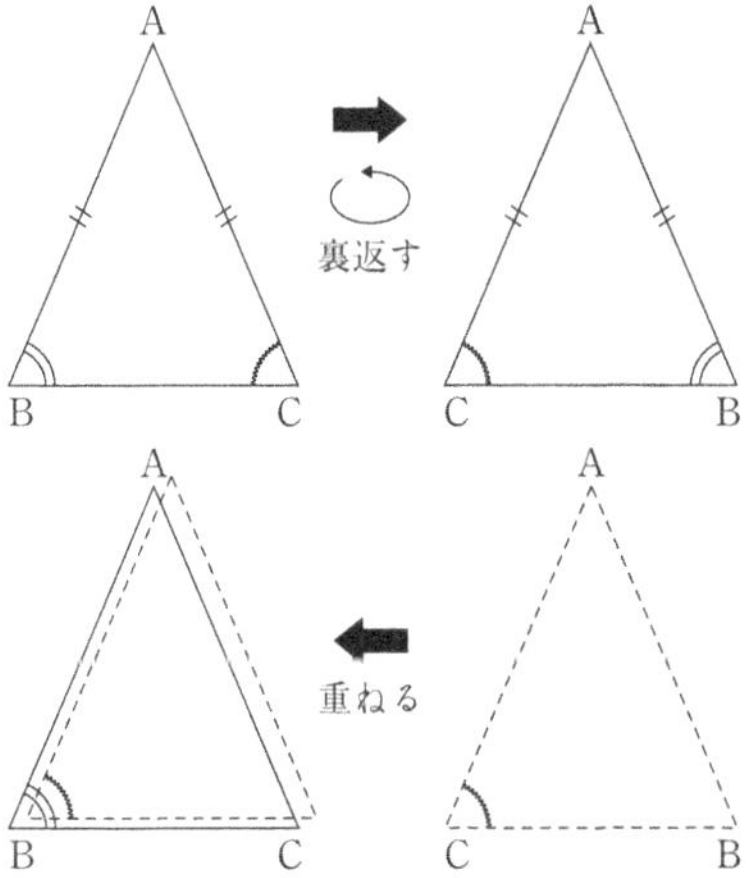

図2-3

ユークリッドの偉業というのは、幾何を「体系化」したことである。つまり、幾何の法則を、簡単なものを出発点にして、複雑なものを簡単なものから導く、という形式で整列させたことだ。このとき、「ただそうである個別の事実」という風に事前に認める図形の法則は、ごく少数（具体的には五個）だけとし、残りの膨大な法則は、「論理によって順々に証明する」という手続きを行った。このように導かれたものが「定理」と呼ばれるものである。出発点の五個の法則は「公理」といい、公理とそれらから論理的な手続きで導かれる定理を樹形に編み上げたものを「公理系」と呼ぶ。ユークリッドは、当時知られていたすべての図形の法則を一つの公理系に仕立てて、それを『原論』という本に著したのである。

このような「公理系」を作ることの利点は、指摘するまでもない。それは、無条件で認める法則（あるいは経験的に信じる法則）というのが、五個の公理というごく少数で済んで、残りの法則は定理として「論理的に」得られる。そして、「論理的に導かれる結論は正しい」とするなら、それらの法則は具体的な検証や経験に頼らずともおのずと正しいことがわかってしまう、そういうことが利点なのである。

ユークリッドの『原論』は、このような公理系という特異な形式で法則を編み上げていたので、現在までの長い間、「古典」として読み継がれてきた。「聖書を除けば、この本ほど多くの人に読まれ、多くの国のことばに翻訳された書物はないだろう」と評せられるほどである。

それだけではない。このような「公理系」の方法論は、その後の数学の基本的なスタイルとして定着することになった。数学のあり方を決定づけた、という意味でも、ユークリッド『原論』のもたらした影響は絶大だったのである。

ただ、このような「定理の編み上げ」という方法論が、必ずしもすべての学者にアピールしたわけではない。例えば、ユークリッドと同時代の哲学者エピクロスは、「三角形の二辺の和は残りの一辺の長さより大きい」という定理に対して、「証明しなくともロバでも知っている」と公言していたそうだ。また、一七三〇年代の徳川吉宗の時代に『原論』が日本に伝えられたとき、当時の日本の数学者たちは、「こんなわかりきったことを、なんでわざわざ、あらためて定義したり、証明したりする必要があるんだ」と考え、完全に無視してしまったそうである。さらには、ノーベル賞を受賞した物理学者R・P・ファインマンも、次のようなことを述べている。

「物理学者たるものはバビロニア式の数学を使うのであって、凍りついた公理系からする厳密な議論には殆ど興味を持ちません」

物理というのは、基本的に「法則の集合体」だ。ファインマンにとって、それらの物理法則を整然と樹形に並べることは興味の対象外だったということなのだろう。

このように、『原論』が示したような体系化の方法は、決して「それだけが正しい」という決定的なスタイルではない、ともいえる。そう考えれば、まだものごとを学ぶ道すがらにある中学生が、この方法論を唐突に押しつけられ、困惑するのも十分理解できることだ（筆者の、幾何から論証を取り除いてバビロニア的に教える方法論の試みについては、『文系のための数学教室』の終章を参照のこと）。

得意な子もとまどう

中学生がこういう体系化された幾何学を教わるとき、算数が苦手だったこどもだけではなく、得意だった子までおおよそ幾何に嫌気がさしてしまう。このことについて筆者の経験をお話ししよう。

筆者が、塾で中学生を教え始めた頃、東大合格者数で有名なとある私立中学のこどもたちが何人か勉強に来ることになった。このような私立中学に合格するこどもたちだから、非常に優秀であり、受験的には祝福されたこどもだといっていい。それなのに彼らは口を揃えて、「幾何が大嫌い」といったのだ。

彼らの言い分をよくよく聞いてみて、その理由が判明した。彼らは、中学校での幾何の授業で、先生の書いた証明の文章を「一言一句違わず暗記する」ことを強いられたというのだ。期末テストでは、暗記させられた「先生の証明文」をそのまま答案用紙に書かされるのである。あたかも写経のように。その幾何の成績がかんばしくない生徒が、親の見つけてきた我が塾に入会させられることになった、というわけだ。

ところが、生徒たちから見せてもらった「点数の悪い」答案を眺めて、筆者は愕然としてしまった。なぜなら、彼らの論証はちっとも間違っていないからである。ある生徒は、先生の提示した公理系に沿った証明を書いているのだが、その文章が先生の与えたものといわゆる「てにをは」が異なっているので、大きく減点されてしまっていた。また、ある生徒は、先生の教えた証明は無視してとても斬新な証明をしたのだが、それは先生の講義した公理系ではまだ得られていない定理（しかし、図形の性質としてはあたりまえと思えるもの）を用いているので、0点になっていた。つまり、彼らは「証明する」という手続きそのものはちゃんと理解できているにもかかわらず、先生の流儀に従わないために大きく失点していたのである。これでは彼らが幾何を嫌いになるのも仕方ない。

しかし、だからといってこの先生の教育が間違っているとも断じられないのが困りものなのだ。幾何を、『原論』のような公理系として教える場合、生徒の自由な発想に委ねることができないからである。

公理系における論証の積み重ねでは、ある定理を証明するとき、それ以前に得られていない法則を利用しないように用心しなければならない。公理系の外にある直観や飛躍のある論理を慎重に排除しなければならない。期末テストで証明を個性的に書くことを許すと、どこからを正解にし、どこからを不正解にするのか、その「線引き」が非常に難しくなる。だからこの先生は、苦肉の策として、「自分の板書の完全な再現」だけを正解としたのだろう。

ルイス・キャロルがおちょくったこと

公理系の教育が今述べたような混乱をこどもに持ち込みがちであることを、『不思議の国のアリス』の著者であり数学教師でもあったルイス・キャロルがおもしろおかしく書いている。それは『不思議の国の論理学』という本の最後の章「ユークリッドと原論の対抗者たち」にある。

ここは戯曲形式で書かれていて、登場人物はミノス、ラダマンチェス、ユークリッド。冒頭のシーンはこんな風だ。

教師ミノスは、山積みの答案を採点している。ユークリッド原論の定理19を証明する問題だ。ミノスは、ある答案に注目する。それは定理20を使ってこの定理19を証明したものだ。興味を持ったミノスは、その生徒の昨日の答案を探し出した。昨日は定理20の証明を出題したのだ。すると、同じ学生の昨日の定理20への証明には定理19が使われているではないか。そこでミノスは「どうだ、罰当たり、降参したろう！」と（『ヴェニスの商人』の一節を引用して）おたけびをあげた。

そこにラダマンチェスという人物が登場する。この人も教師で、自分の学生たちの証明をミノスに見せに来た。それらの答案は、クーリーという人の書いた幾何の本の定義から出発した答案や、ウィルソンという人の書いた本から出発して証明を与えているものだった。ミノスとラダマンチェスは、その答案からクーリーやウィルソンの幾何の本での定義や証明の手続きを類推して、その厳密性の低さを手厳しく批判し、嘲笑する。

このキャロルの風刺劇には、幾何を使って公理系を教えるときの混乱が、ものの見事に描かれている。ミノスの採点していた答案では、定理19の証明に定理20を用い、定理20の証明に定理19を用いる、という、俗に「循環論法」といわれる誤謬《ごびゅう》が見られる。このような「循環論法」は数学では認められない。認めてしまうと「明らかに間違いである命題」さえも証明できてしまうからだ。

例えば、(間違った命題である)定理A「2＝4」を証明してみよう。この証明には、定理B「3＝5」を利用する。定理Bの両辺から1を減じれば、「2＝4」と定理Aが証明される。では、根拠となった定理Bはどうやって証明すればいいか。これには定理Aを利用すればいいのだ。その証拠に定理Aの両辺に1を加えてみよう。実際に定理Bが得られる。

このような例を見れば、循環論法の危険性がよく認識できることだろう。喩えてみるなら、ある犯罪の容疑者AとBがいて、AがBのアリバイを主張し、またBがAのアリバイを主張しているようなものだ。この場合、もちろん、二人とも無実である可能性もあるが、同じように、二人がともに嘘をついていて共犯である可能性も否めないだろう。ルイス・キャロルは、このような循環論法を、「昨日のテスト」と「今日のテスト」と時間差をつけることでいっそう混乱の深いものに仕立てたのである。

また、ラダマンチェスの出した例では、公理系の組み方は一通りではなく、さまざまあり、同一の定理群を組み上げる複数の公理系をまぜこぜに持ってくると公理系の厳密性が損なわれる危険性を指摘している。

幾何学は空間認識と切り離せない

ユークリッド幾何が公理系を教えるのにあまり適切な素材ではない、という点について、他にも指摘すべきことがある。

それは、ユークリッド幾何が「我々の住み暮らしているこの空間」の実際の法則を扱っているため、わたしたちのこの空間に関する知識がかえってじゃまになる、という点だ。わたしたちはこの空間について、さまざまなことを経験として知っている。例えば、ある点からある直線への最短距離を与えるのは、垂線であることを知っている。また、三角形の二辺の長さの和が残りの一辺の長さより長いことも、「曲がっていくよりまっすぐ行く方が速い」という常識として心得ている。これらの知識は、自分たちが生きてきた経験から得られたものだ。

しかし、アタリマエで常識的だからといって、ユークリッド幾何の証明に持ち出すことは許されない。なぜなら、これらの法則さえも、公理系においては論理的な手続きで導かないといけないからだ。これらの知識があることはかえって、幾何学の勉強の足手まといになるだろう。

もちろん、ユークリッドの幾何学は決して無意味な単なる「論理の遊び」ではない。すべて、現実世界で観測できる法則を扱っており、実際に（紙や板などの）平面に作図してみれば、常に成り立っていることが確認できるものばかりである。ユークリッドが平面上の幾何学を整備したのは、それらが現実の世界の理解に役に立つと考えたからに他ならないだろう。

本題からはずれるが、地球は球形なのに、ユークリッドが構築した幾何学は、なぜ平面上（まっすぐな世界）のものだったのかを考えてみる。

この疑問について、「ギリシャ時代は大昔なので、地球が球形だと知らなかったのではないか」、というのはどうも正しくないようだ。実は、ギリシャの学者たちも、地球が球形であることは心得ていた。その証拠に、エラトステネスというギリシャの学者は、地球の全周つまり子午線の長さをかなりの精度で計算していたそうである。にもかかわらず、ユークリッドが平面の幾何を展開したのは、きっと、わたしたちの暮らす世界が近似的には平面上の世界だとしていいからだったのだろう。地球が球形であるとしても、あまりに大きい球なので、相対的に微小な人間たちにとっては、近似的には平面で暮らしているのとなんら変わりがない。だから、ユークリッドは、わたしたちの生活空間としての平面の幾何学に興味を持ったのである。

ユークリッドよりずっと後、十九世紀になって、球の表面の幾何学が数学者リーマンによって整備された。例えば、球面上で三角形を定義すると(それは大円の一部を辺とすると定義するのだが)、内角の和は常に180度より大きくなることが示された。また、馬の鞍《くら》の表面のような空間にも、別の固有の幾何学があることもわかった。

これらの「曲がった表面」上では、ユークリッド幾何学の諸法則は成り立たないわけだが、「曲がった表面」上ではなく、宇宙空間にまっすぐな線を引いて作った図形が、ユークリッドの幾何学の諸法則を満たすかどうかも、とても興味深い問題である。もしも成り立たないのなら、わたしたちの宇宙は、わたしたちには想像できないようなねじ曲がり方をしていることになるからだ。

十九世紀の著名な数学者ガウスは、そんな素朴な疑問を抱いたそうだ。そして、その答えを求めるべく、三つの高い山の頂に一点ずつを取り、その三つの点を二点ずつまっすぐな線で結んでできる三角形の三つの角度を実際に測量機によって測量し、その和が180度であるかどうかを判定しようとした。もしも180度から大きくずれるならば、ユークリッドが公理系で編み上げた法則の成り立つ空間と、わたしたちの宇宙空間は実際には異なることになる。しかし、残念ながらこの測量は、精度のせいで、否定の材料にも肯定の材料にも使えない程度の結果に終わった。

このように、ユークリッドの幾何学自体は、公理系という「理屈によって法則を編み上げたもの」を提示しているにもかかわらず、提示された法則は決して荒唐無稽な「論理の遊び」ではなく、現実世界を説明する法則群であった。しかし、現代を生きるわたしたちの知っているこの空間はもっと複雑であり、ユークリッドの頃の知識とはかけ離れているといっていい。そのような「知識・常識」が、こどもたちのユークリッドの公理系の理解の妨げとなる、というのはまことに皮肉な話である。

公理系はＲＰＧ

このようなもろもろの難点をうまく避けながら、いったいどうやってユークリッド幾何学を教えたらよいのだろう。これにはとても悩んだが、面白いことに、答えはまたこどもたち自身から出てきた。前述のようなことを、グチまじりに塾で話しているとき、ある生徒が唐突にこう言ったのである。

「先生、先生が言いたいのはロールプレイングゲームのことじゃないの？」

ロールプレイングゲーム（RPGと略される）というのは、ドラゴンクエストやファイナルファンタジーなどが代表的な冒険ゲームのことだ。原型になるものは、七〇年代にアメリカで作られた『ダンジョン＆ドラゴンズ』というゲームだそうだが、これは言語学者トールキンのファンタジー小説『指輪物語』（一九五四―五五年）に影響されて作られたものらしい。

ロールプレイングゲームというのをおおざっぱに説明すると、「戦闘で敵を倒しながら経験値を積みあげ、より強い武器を手に入れる。最も強い武器を手に入れて、最終的な敵を倒すと終了」といった感じにまとめることができるだろう。

こどもからこれを聞いたとき、筆者は、「そう！ それこそが公理系だよ」と思わず叫んでしまった。筆者はゲームマニアではなかったが、そう指摘されてみると、ユークリッド幾何はまさにロールプレイングゲーム以外の何物でもない。言ってみれば、数学者ユークリッドの組み上げたゲーム、「ユークリッドクエスト」とでも呼ぶべきものだ。

実際、ユークリッドの公理系では、前に解説したように、最初は五つの公理しか持っていない。これは、RPGにおける、最初から所有している武器、ないし最初の経験値にあたるものだといっていいだろう。この五つの武器（公理）以外は、スタート時点では、すべて敵だといえる。使うことが許されず、（証明という方法で）倒さなければならないものだからだ。

そこで、ユークリッドクエストのプレイヤーは、この五つの武器によって敵（定理）を次々に倒して行かねばならない。具体的には、五つの公理と論理的作業だけによって、順に定理を証明する作業を積み重ねるわけである。ここでは、手続きをはしょったり、手抜きをすることは許されない。その過程で証明された定理（倒して手に入れた武器）は、次からは証明をする際に（次の武器を手に入れるために）使えるようになる。このこともロールプレイングゲームと同じ構造である。

定理が正しいのは、「ゲームの世界」の中だけのこと

定理は公理から論理的な手続きで導かれる。「論理的に導かれた」ものは必ず「正しい」ので、「公理系は正しい事実だけから構成されている」といっていい。ただ、誤解してはいけないのは、ここでの「正しい」というのが、限定的なことであり、「普遍的に正しい

わけではない」という点だ。

どうしてかというと、最初にいくつかの公理を「無条件に」認めてスタートしていることを思い出そう。それらの公理を何の検証もなしに無条件に認めているので、論理的に導かれた事実が正しい範囲は、その公理の成り立つ世界に限るのは当然だ。

そのことを理解するためには、以下のような喩え話が適切だろう。

ボクシングというスポーツでは、グローブをつけている限り、相手の顔面や腹を殴ることが認められている。つまり、「グローブをつけているならば、相手の顔や腹をなぐることが許される」はボクシングの公理系では正しい。しかし、だからといって普遍的に正しいわけでないのは言うまでもない。外の世界でこんなことをしたら、すぐに暴行の容疑で逮捕されてしまう。ボクシングの世界で正しいことは、ボクシングと同じ公理を持つ世界(例えば、空手やK－1など)でしか正しくないのだ。

このことは幾何学でも同じである。ユークリッド幾何学の定理と同じことが成り立つ世界は、ユークリッド幾何学の五つの公理と同じ公理を持っている世界に限られる。どれか一つでも公理がなかったり、異なったりすれば、ユークリッド幾何では正しい法則が正しくなくなり、逆に、正しくないことが正しくなることもありうる。例えば、前述したように、球の表面の幾何学では、三角形の内角の和は180度とならない。

したがって、このように「公理系」というものが、物理法則などとは異なった性格であることを理解する必要がある。そのためには、「別の公理系」、「別のゲーム」を見ておくことが望ましいだろう。それには、球面の幾何などの「非ユークリッド幾何」という手もあることはあるが、難しい上、ユークリッド幾何との間で混乱も巻き起こすので、幾何から離れたもっとシンプルなもののほうがより好ましい。

MIUゲームという公理系

そこで公理系の理解のために筆者が用意した「別の公理系」=「別のゲーム」を紹介しよう。それは「MIUゲーム」というものだ。MIUゲームというのは、五つの許された手続きだけで言葉を作っていくロールプレイングゲームである。

まず、使うアイテムは「M」「I」「U」「ミュー語」の四つ。大事なのは、この四つには何の具体的な意味もない、ということを了解することである。このようなものを、専門的には、「無定義用語」と呼ぶ。いってみれば「ゲームの駒」みたいなものだ。将棋の駒の「桂馬」や「飛車」になんら具体的な意味がないように、これらにも意味がない(ちなみに、ユークリッド幾何学での無定義用語は、「点」、「直線」、「交わる」などである)。もちろん、「M」「I」「U」「ミュー語」という言葉を使う必然性は何もない。だから、それら以外の文字や記号を使っても全くかまわないが、ここでは後述するホフスタッターのオリジナルを尊重してこれらを使うことにする。

ＭＩＵゲームの公理は次の五個から成る。

（ＭＩＵゲームの公理）

公理１　ＭＩはミュー語である。

公理２　ミュー語の最後がＩとなっていたら、その後にＵを付け加えたものもミュー語となる。

公理３　Ｍから始まるミュー語があったら、Ｍ以外の部分と同じものを後ろにつなげてもミュー語となる。

公理４　ミュー語にＩＩＩが含まれていたら、そのＩＩＩをＵに置き換えたものもミュー語となる。

公理５　ミュー語にＵＵが含まれていたら、それを削除してもミュー語になる。

公理１は、ミュー語が最初に一つだけ与えられていることを意味するものだ。公理２から公理５の四個の公理は、ミュー語を作り出すために許される手続きがこの四個のみであることを意味している（つまりこれら以外の勝手な方法で言葉を作ってはいけない、ということ）。この四個の手続きがわかりやすくなるように記号で書いておこう。

公理2：M～I → M～IU
公理3：M～ → M～～
公理4：M＊III～ → M＊U～
公理5：M＊UU～ → M＊～

このMIUゲームは現実の何とも対応していない。つまり無意味である。しかし、だからこそ、このゲームの世界に入りやすい、ともいえるだろう。なぜなら、他の現実的な経験や直感に全くじゃまされないからだ。

もちろん、ロールプレイングゲームに慣れている人とそうでない人ではとっつきやすさに差が出るだろうが、現代のこどもたちにはユークリッド幾何そのものよりむしろ、ずっとなじみやすいゲームではないかと思われる。

MIUゲームをやってみる

では、このMIUゲームを実際にプレイしてみよう。最初の戦いは、

（定理1）MIUはミュー語

を手に入れることである。この戦闘（証明）は非常に簡単だ。大事なのは、「どの公理を使っているか」をきちんと自覚し、それを明記することである。それが公理系をきちんと理解する最初の一歩だ。

（証明）
MIはミュー語（公理1）……①
MIUはミュー語（①と公理2より）
（証明終わり）

カッコ内には、その文を得るためにどの公理や、前に得られたどの文が使われているかが書かれているのに注目して欲しい。次に、ちょっと難しい戦いをやってみよう。

（定理2）MUIUはミュー語

証明は以下の5ステップで与えられる。

（証明）

MIはミュー語（公理1）……①
MIIはミュー語（①と公理3）……②
MIIIIはミュー語（②と公理3）……③
MUIIはミュー語（③と公理4）……④
MUIUはミュー語（④と公理2）

（証明終わり）

右から左へと新しいミュー語が付け加えられるとき、かならずどの公理（許される手続き）を使ったかがカッコ内に明記されている。どの場合でも公理1〜5のどれかと、すでにそれまでに手に入っているミュー語しか利用されていない。それが公理系による証明であり、ロールプレイングゲームのルールに従う、ということである。もう一つプレイしよう。

（定理3）MUIIUはミュー語

これを公理1から出発して、素直に証明していくと以下のようになる。

（証明）

MIはミュー語（公理1）……①
MIIはミュー語（①と公理3）……②
MIIIIはミュー語（②と公理3）……③
MUIはミュー語（③と公理4）……④
MUIUはミュー語（④と公理2）……⑤
MUIUUIUはミュー語（⑤と公理3）……⑥
MUIIUはミュー語（⑥と公理5）　（証明終わり）

しかし、この証明をよくよく観察すれば、⑤までは全く定理2の証明の再現だと気づき、無駄にスペースを使っている、と感じるだろう。このようなときは、すでに得られた

「定理２」を利用して、以下のように証明を節約するのが望ましい。

（別証明）

ＭＩＵはミュー語（定理２）……①

ＭＩＵＵＩＵはミュー語（①と公理３）……②

ＭＵＩＩＵはミュー語（②と公理５）　（証明終わり）

これは、ロールプレイングゲームで、今手に入れたばかりの強い武器をすぐに使うことに対応している。定理というのは、倒すまでは敵だが、倒してしまえばもう味方なのである。この方法で、非常に簡単に目標のミュー語を手に入れることができた。これこそが、定理を樹形に積み上げていくことの御利益である。

筆者の講義経験では、このＭＩＵゲームで遊んだこどもたちの多くが、「幾何で定理を積み上げていくプロセス」＝「ロールプレイングゲームで決まったルールで武器を手に入れていくプロセス」だと、スムーズに理解してくれたようだった。

ゲーデルの不完全性定理

ついでなので、このＭＩＵゲームというのが何であるかについて、少し背景をお話ししておこう。

実は、このゲームの出典は、ダグラス・ホフスタッターという人の『ゲーデル、エッシャー、バッハ』という本だ。ホフスタッターは、コンピュータ科学の学者で、父親はノーベル物理学賞受賞者という、いわば天才の家系の人。この本は、ホフスタッターが「ゲーデルの不完全性定理」を話題の中心にすえて、それを取り巻く学問・文化状況を総覧した名著であり、また、百科事典一冊分くらいの厚みがある大著でもある。ちなみに、タイトルのエッシャーとは、だまし絵で有名な画家のＭ・Ｃ・エッシャーのことで、バッハはいうまでもなくバロック音楽の巨匠のＪ・Ｓ・バッハのことである。

その「ゲーデルの不完全性定理」とは次のような定理だ。

【ゲーデルの不完全性定理】　自然数の理論を含む矛盾のない任意の公理系には、ある命題が存在して、公理系の内部でその命題を証明することもまたその否定を証明することもできない。

この定理が述べていることをもっとわかりやすく説明すると、以下のようになる。

公理系というのは、ユークリッド幾何とかMIUゲームのように、定まった公理から出発して、どんどん新しい定理を手に入れていくシステムのことであった。このとき、その公理系だけの（無定義用語などの）言葉で表現された命題が、もしも正しい内容を持っているのなら、それを論理的手続きで証明できるだろうか。また、正しくない内容を持っているのなら、その文の否定文が証明できるのだろうか。

ゲーデル以前の数学者は、「できる」と信じていた。しかし、ゲーデルはそれを否定的に解決し、数学者たちに衝撃を与えたのだった。つまり、公理系の言葉で書かれた命題でありながら、その文もその否定も、どちらも証明できないような命題が存在する、ということを証明したのであった。

ここでわかりにくいのは、「〝公理系の内部で証明できない〟ことを証明する」ことの意味だ。ここには「証明」というのが二回出てくるが、最初のものと二番目のものでは意味合いが違うのである。最初の「証明」は与えられた公理系での証明を意味し、あとの「証明」は、その公理系の外での証明を意味している。ホフスタッターはこのことをうまく説明するために、MIUゲームを編み出した。そのために彼が読者に与えたのは、次の定理だった。

（定理4）ＭＩＵゲームの公理系では「ＭＵはミュー語」を証明できない

この定理4は、「ＭＩＵゲームという公理系」全体の性質を語っているので、「メタ定理」と呼ばれる。公理系の外から公理系について何かを言及することを、「メタ」というのだ。

この定理4は、公理1〜公理5を使って証明するのではない。この五個の公理は、公理系の内部のルールだ。しかし、定理4は、ゲームの内部でプレイをしているものではなく、ゲーム全体について何かを論じているものなのである。

証明は、以下のような奇抜なものとなる。

「ＭＩ」からスタートして、五つの公理だけを使ってミュー語を作っていくことで、「ＭＵ」にたどり着く手順がないことを示そう（あればそれが「ＭＵはミュー語」の証明になる）。今、五つの公理から生み出されるミュー語に含まれる「Ｉ」の個数に着目しよう。スタートの段階の「ＭＩ」にはＩが一個含まれていることに注意する。これから、例えば定理2の証明で行ったような手順でミュー語を作っていった場合の「Ｉ」の個数の変化を観察すれば、1→2→4→1→1となる。

実は、このようにIの個数を調べていくとき、そこには決して「3の倍数」は現れないとわかる。なぜなら、公理2〜公理5のどの公理を使う場合でも、使用前のミュー語に含まれる「I」の個数が3の倍数でないなら、使用後にできたミュー語における「I」の個数も決して3の倍数になれないことが簡単に確認できるからだ。

したがって、Iの個数が一個である「MI」からスタートすると、「I」の個数が0個(3の倍数)である「MU」には決してたどり着くことはできない、というわけなのだ。ゆえに、ゲームのプレイヤーがどんなに悪戦苦闘しても、「MU」という言葉を作り出すことはできない。つまり、「MUはミュー語」を戦闘で倒すことは絶対不可能なのである。

以上が、定理4の証明である。その証明が、「MIUゲーム」の内部の手続き(ミュー語を作る手続き)とは全く関係ない概念によって成されることに注意しよう。ポイントは「3の倍数」という「ミュー語」とは無関係の整数論上の概念だ。ゲーデルもこのような方法で、一般の公理系を一つの「記号を並べるゲーム」として扱い、そのゲームの外側にある概念によって、ゲームの限界を示したのである。

幾何学と論理学

幾何学を「ユークリッドクエスト」という名の一種のRPGと見なしたとき、それがM

IUゲームと大きく異なるのは、後者が、先ほど見たように、単に与えられた規則に従って「言葉」を作っていくだけのものであるのに対し、前者では、ゲームを進行させる際に「論理」を用いる、という点だ。ユークリッドクエストは、五つの公理から出発して、どんどん新しい定理を手に入れるゲームだが、定理を手に入れるには「論理を使って証明する」という手続きが要求される。つまり、ユークリッドクエストは、論理学を含んだ公理系ということになる。

ここで問題になるのが、「論理」とはいったい何か、ということである。この「論理」というのが、わかっているようで、よくよく考えると難しい。なぜなら、わたしたちの思考はそもそも論理で行われているため、その思考のツールである論理が何であるかを改めて論じるとなると、まるで「自分がどうやって考えているか、それを考える」みたいな、わけのわからない堂々めぐりに落ちそうになるからである。

数学者たちが、「論理とは何であるか」ということを問題にしたのは、ほんの百年ほど前、十九世紀の終わりのことにすぎない。それまでは論理というのを、「ただなんとなくこんな風に使うもの」と、いわば「習慣的なもの」とみなしてきた。

十九世紀末になってやっと、数学者たちは論理の本質を解明し、その用法を整備することに取り組み始めた。ちょうどこの頃、集合の理論（第5章で解説する）が完成し、論理そのものを記述できる道具がそろったのが大きかったのだ。

それらの仕事は、ラッセル、ホワイトヘッド、ヒルベルト、アッケルマン、ゲーデル、ゲンツェンといった天才たちの功績であった。彼らの努力によって今や、「論理とは何であるか」、「公理系とは何であるか」、「証明するとはどういうことか」といったことが、非常に明確になったのである。

ユークリッド幾何学は、このような仕事が成されるずっとずっと前の（紀元前の）教科書だ。かたや、わたしたちは、このように公理系や論理や証明ということの本質が解明されたあとの世界に生きている。このような現代において、公理系や論理を教えるツールがいまだにユークリッド『原論』という古典であるのは、いかにも不釣り合いなことではないだろうか。しかも、残念なことに、日本の中学生がユークリッド幾何を学ぶときには、論理のことは明示的には教わらない。だからこどもたちは「見よう見まね」で、証明文の中で使う論理の作法を学ぶしかないのだ。これでは十九世紀以前の人類と変わりがないではないか。

もちろん、論理は「日常会話」でいつも使っているものだから改めて（国語ではなく数学で教える必要はない、という考え方もあるだろう。しかし、日常の論理と数学の論理には微妙な用法の違いがあり、日常の論理の経験に期待するのはとても危険である。

高校で学ぶ論理の問題点

日本のこどもたちは「数学の論理」を高校生で初めて学ぶ。それは「論理文の真理値」というものだ。

論理文というのは、いくつかの基礎となる文を「かつ」「または」「でない」「ならば」などで接続してできるものである。そして論理文の真理値というのは、文に「真」か「偽」のどちらかを割り当てたものだ。「真」というのは「正しい」ことを意味して、「偽」は「正しくない」ことを意味する。

例えば、「かつ」についての真理値は図2－4のようになる。

P	Q	PかつQ
真	真	真
真	偽	偽
偽	真	偽
偽	偽	偽

図2-4　「かつ」の真理値

一言でいうと、「PかつQ」が真であるのは、Pが真でかつQが真の場合に限る、ということだ。

例えば、Pが「ぼくは天才である」という文で、Qが「ぼくはイケメンである」という文であるとき、「PかつQ」は「ぼくは天才であり、かつ、ぼくはイケメンである」という文であるが、この文が真であるのは、PもQも真であるときであり、どちらかが偽のとき（つまり、ぼくが天才でないとき、あるいは、ぼくがイケメンでないとき、

P	Q	PまたはQ
真	真	真
真	偽	真
偽	真	真
偽	偽	偽

図2-5　「または」の真理値

P	Q	PならばQ
真	真	真
真	偽	偽
偽	真	真
偽	偽	真

図2-6　「ならば」の真理値

あるいは悲しいかな、両方でないとき）は偽になる、というわけなのだ。

　次に、「または」の真理値は図2－5のようである。「または」の真理値を一言でいうと、「PまたはQ」が偽となるのは、PとQがともに偽のときに限る、ということだ。

　最も難しいのは「ならば」の用法である（図2－6）。これを一言でまとめるなら、「PならばQ」が偽となるのは、「Pが真でQが偽の場合」のみである、ということ。

　この「PならばQ」というのは、よく使う表現であるにもかかわらず、改めてこの表を与えられると「あれ、そうだっけ？」となってしまう人も多かろう。

　例えば、Pを「君が努力する」という文で、Qを「君は認められる」という文だとするなら、「PならばQ」は「君が努力するならば君は認められる」という文になる。この「君が努力するならば君は認められる」という文が正しくない（偽になる）のは、「君が努力する」が真で、「君が認められる」が偽の場合に限る。つまり、「努力したのに認められなかった」とき、「君が努力するならば君は認められる」という文について「嘘」といえるわけなのだ。

この真理表の中で、特に注意しなければいけないのは、「君が努力する」が偽で、「君が認められる」が真の場合だ。この場合、「君が努力するならば君は認められる」は真になる。つまり、「努力しないのに、認められてしまった」ときもこの文は「正しいことを述べている」(真である)。この取り決めは、わたしたちの日常の論理と比較するとき、多少の違和感をもたらすことだろう。なぜなら、「君が努力するならば君は認められる」という言明には、「努力が原因となって、認められるという結果が生じる」といういわば「因果」が込められているからだ。しかし、数学的な論理の取り決めはそうなっているのだから仕方ない。

真理値はあまり役に立たない

高校生は、このような「真理表」から論理を勉強するのだが、このような方法で論理を学んでも、日常的に用いている以上には、論理とは何であるかを理解できないように思える。

実際、定義自体に自家撞着が含まれている。例えば、「かつ」の用法を定義したときのことを思い出そう。さきほどは、「PかつQが真であるのは、Pが真でかつQが真の場合に限る」というように言った。この文を慎重に読み直してみると、「かつ」の真理値を定義している文の中に、「かつ」ということばが何の断りもなくあからさまに入っている（もちろん、真理表だけから理解するなら、自家撞着はないのだが）。つまり、「かつ」の意味をこの文から理解できる人は、すでに「かつ」とは何であるかを心得ている、ということになる。このように、真理値の考え方は、日常的な論理の用い方を前提としており、それ以上のことはほとんど教えてはくれないのである。

そして、もっと重要なことは、中高生が行う数学の証明の文の中には「真である」とか「偽である」などということばは全く出てこない、ということだ。「三角形ABCが二等辺三角形であることが真である」などという文章は出てこない。だから、たとえ真理値の意味をきちんと理解できたとしても、わたしたちが証明を実行する上で、それを活かすことは難しい。

論理は「推論規則」で学ぶべき

では、中高生が論理を学ぶとき、どう学んだらもっとよくわかるようになるのだろうか。それは「推論規則」として論理を理解することなのだ。

「推論規則」というのは、「論理文をつないでいくときに許される手続き」を集めたもののこと。具体的なイメージを持っていただくために、日常的な例をあげよう。次のような一連の文はわたしたちがよく使うものだ。

「そんなことをするなんて、君は頭が悪いか性格が悪いかどっちかだ」……（1）
「ところで君は、クラスで一番なんだから、頭が悪いことはないだろう」……（2）
「ということは、君は結局性格が悪い、ということだね」……（3）

これから「推論規則」だけを抜き出して抽象化すると、次のようなものになる。

【「または」の推論規則】
（PまたはQ）と（Pでない）から、Qを導いていい

実際、文Pに「君は頭が悪い」、文Qに「君は性格が悪い」を当てはめると、（PまたはQ）は（1）の文となり、（Pでない）は（2）の文になり、Qは（3）の文になる。つまり、（1）と（2）から（3）を結論することは、このような推論規則を適用しているのと同じなのである。

これは、「または」を使うときの、その「使い方」、「使用の規則」を述べたものと理解

できる。この規則を理解することで、わたしたちは、「または」というものが何であるかを理解できるばかりではなく、「または」をどう使えばいいのか、それも学ぶことができる。これはある意味で、第1章で解説したウィトゲンシュタインの「言語ゲーム」の考えにも通底するものだといっていいだろう。

論理を学ぶには、このように、「または」の用法、「かつ」の用法、「でない」の用法、「ならば」の用法を学ぶのが有用だ。なぜなら、これらの規則は、今見たように、そのまま証明文の中に現れる規則そのものだからである。

論理を真理値から理解する立場を「セマンティックス（意味論的）」というのに対して、このように「推論の規則」として理解する立場を「シンタックス（構文論的）」というが、少なくとも数学における証明の理解に役に立つのは、セマンティックスではなくシンタックスの方だ（これについての別の観点は、前著『文系のための数学教室』第1章を参照せよ）。

中でもとりわけ、「ならば」の推論規則は重要である。なぜなら、ほとんどの証明は「ならば」の推論規則でつないで行くからである。

「ならば」の典型的な用法は以下のものである。

【「ならば」の推論規則】

Pと（PならばQ）から、Qを導いていい

この規則は、専門的には「切断（cut）」と呼ばれる。この「切断」という規則の使い方としてよく出てくるのは次のようなものだ。

三角形ABCは二等辺三角形である　……（1）
三角形ABCが二等辺三角形ならば三角形ABCの底角は等しい　……（2）

したがって、（1）（2）より、

三角形ABCの底角は等しい　……（3）

「ならば」がこのような推論規則を持っているので、次のようなことが直接わかる。
「論理学を含む公理系において、文Pと文（PならばQ）がどちらも、公理として存在するか、あるいは、公理たちから証明することが可能ならば、Qも証明可能である」

幾何学の定理は、おおよそ、「PならばQ」という形をしているから、「ならば」の推論規則である「切断」をきちんと理解できれば、もう「証明とは何か」で悩むことはなくなるはずだろう。

クックロビンゲーム

筆者が、上記のように「論理を理解するのに大事なのは、真理表よりも推論規則だ」という考えにたどりついたとき、いったいこどもたちは推論規則というものをどのくらい獲得しているのだろう、という疑問を持った。ものごとの「真偽」は、現実認識と関わることなので、かなり成熟するまでは、「形式的な真偽」と「自分にとっての真偽」との区別がつけられるようにはならないだろう（実際、大人にもこの区別がついていない人をけっこう見かける）。しかし、推論規則はもの心ついた頃にはおおよそ体得しているのではあるまいか、そう思ったのだ。

そこで中学一年生のこどもを対象に、推論規則の理解を試すゲームをやらせてみた。それは名付けて「クックロビンゲーム」というものであった。

「クックロビン」とは、英語圏の伝承童謡マザーグースの中の「だあれが殺したクックロビン」に想を得たもの。これは、「こまどりクックロビンが殺された事件」に対して、多くの動物の証言からその犯人を捜し出す、という不思議な童謡だ。筆者は、この物語を論理文に書き換えて、簡単なカードゲームに仕立てたのだ。

このゲームは、道具として、論理文を書いたカードを使う。全プレイヤーが最初に数枚から成る同じ一組のカードを持って開始される。そして、最終的に、「犯人はスズメ」というカードを手に入れれば「ゲームセット」になる。

カードを手に入れる方法は、自分が現在持っているカードから推論規則を使って別の文を導くことである。その推論が正しければ、導かれたカードを手に入れることができる。例えば、「(小さな目をしている) ならば (目撃者)」というカードと「ハエは小さな目をしている」というカードを持っているとしよう。この二つの文章から、「ハエは目撃者」を導くことができる。それは、「(AならばB) と (BならばC) から (AならばC) を導ける」といういわゆる「三段論法」という規則で、「切断」から導出される推論規則である。

このようにしてプレイヤーは、「ハエは目撃者」のカードを得ることができる。この方法で、段階的に、何枚かのカードを手に入れていって、最後に「犯人はスズメ」というカードを手に入れればゴールになるのである。

ここで、題材として「だあれが殺したクックロビン」をわざわざ選んだのは、出てくるアイテムが現実の何とも関係がなく、完全に抽象的なものだからである。こうすることで、プレイヤーであるこどもたちは、「現実世界での真偽」に惑わされることなく、純粋に論理の規則だけを試すことができる。

このゲームにおける最後の難関は、「または」の用法を正しく捉えることだ。つまり、「(トビは棺を運んだ) または (ムネアカヒワはたいまつを運んだ)」というカードをどう使えば、次のカードを手に入れることができるか、それを見抜くことなのである。それは「トビは棺を運んだ」を前提として導けるもの (手に入るカード) と「ムネアカヒワはたいまつを運んだ」を前提として導けるもの (手に入るカード) に同じ結論 (同一のカード) があるかどうかを探す、ということに他ならない。

実際にこのカードゲームをやらせたときは、数人のグループを組ませて、話し合いながらグループ対抗の競争をさせた。結果として、時間の差こそあれ、全グループが最後のカード「犯人はスズメ」を取ることができた。もちろん、リーダーシップを取ったこどもの能力に大きく依存することは否定しないが、観察していた限りにおいては、すべてのこどもがゲームで何が行われていたかを理解しているようだった。

この実験によって、程度の差はあるものの、十二、三歳のこどもの多くは、すでに推論規則としての論理を持っている、ということがわかった。この年齢のこどもたちの多くは、メディアやゲームなどから、すでに、推論規則を自分のなかに発現させている、そういっても過言ではないと思う。だから、現代の幾何教育、論理教育は、ユークリッドの方法から離れ、現代っ子たちのなかにすでに萌芽している、ゲーム能力、抽象推論能力を上手に活用するような方法を模索するのが望ましいのではあるまいか。

第3章　解析学でのつまずき

～関数と時間性～

文章題との運命の出会い

筆者は、塾で数学を教えていたけっこう長い期間にわたって、「文章題」と呼ばれる分野に全く関心を持たなかった。文章題というのは、「与えられた文章から方程式を立て、それを解くことによって解答する」というタイプの問題のこと。典型的な問題は、例えば、「5％の食塩水と10％の食塩水を混ぜて7％の食塩水を400グラム作るには、それぞれ何グラムずつ混ぜればよいか」といったものだ。筆者は、このような問題は、「数学の本質」とは何ら関係がないと考えていた。当時は純粋数学にしか全く興味が持てなかったのだ。

ところがある時期から、このような文章題が実は、こどもたちが数学を習得する上で重要な役割を果たすかもしれない、そう考えるようになった。それは、文章題がわたしたちの世界に観測される生々しい現実から数理的な要素を抽出したものと見なせるようになったからである。

さきほどの食塩水の問題も、水とジュースを混ぜたり、あるいは数種類の酒を混ぜてカクテルを作ったりするとき、そこに何らかの数理的な法則が働いていることをわたしたちに教えてくれる。つまり、このようなことから、わたしたちの周りの事物や現象に「数理的に記述できる」という性質が備わっていることがわかる。これは、第1章で触れたアフォーダンスの感覚に近いものであろう。文章題は、こどもに数学を身近に感じさせるばかりではなく、こどもから数理的感覚を引き出し、数学と世界と自己との関係性を発見させる良い機会になるに違いない、そういう手応えが強くなったのだ。

そんな理由から、「なるほど世界は面白いな」と中学生たちに感じてもらえるような文章題を探し求めた。例えば、高校地学で扱われる「アイソスタシー」はとりわけ面白い例だった。これは、大陸というのがマントルというどろどろの物質の上に浮かんでいることを利用して、大陸が地下にどのくらいの厚みを持っているのかを求める方法である。

中学生に問題として与えるなら、例えば、次のように問題化すればいい（実際、これは、地球物理の院生に依頼して作ってもらい、塾のテキストに載せた問題である）。

問題　図3―1（次頁）は、地球表面付近の断面図である。この図では、液体のように変形しやすいマントルという物質の上に大陸が浮かんでいる様子が描かれている。ちょうど水に浮かんだ氷を想像してくれればいい。

マントルは、同じ深さのところでは、圧力がどこでも同じになる性質がある。なぜなら、もし圧力が違えば圧力の高い方から低い方へマントルが流れ出してその圧力の

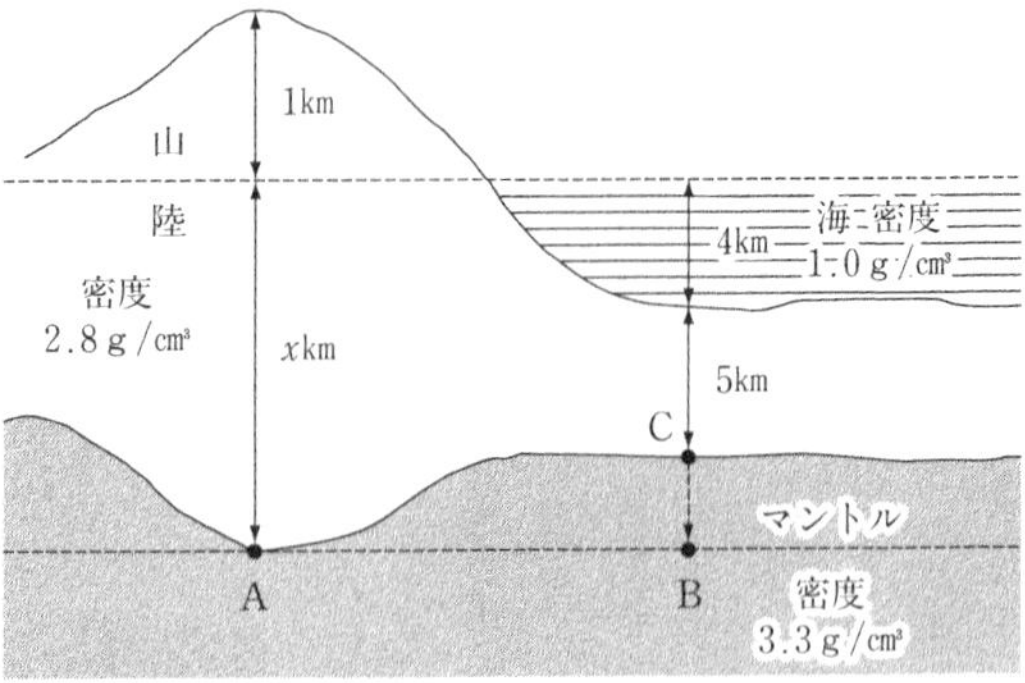

※点Aと点Bは同じ深さなので、かかる圧力は等しい

図3−1

差をなくしてしまうからである。また、ここでいう圧力とは、上にのっている物の厚さと密度の積と考えてよい。

今、図のように山の高さが1キロメートル、海の深さが4キロメートル、海の下の大陸の厚さが5キロメートルとわかっているとき、山の下の部分の深さxを求めよ。ただし、大陸、海、マントルの密度はそれぞれ2.8g/cm³、1.0g/cm³、3.3g/cm³とする。

この問題を解くには理科（地学）の知識はいらない。情報はすべて問題文の中にあるからである（念のために補足しておくと、海の下の大陸の厚さというのは、地震の観測などからわかるのだそうだ）。図を見ながら、A点にかかる圧力とB点にかかる圧力を、xを使って式にし、それをイコールとおくだけでいいのだ。以下のようになる。

A点にかかる圧力$=(x+1)\times2.8$

また、$BC=x-(4+5)=x-9$より、

B点にかかる圧力$=4\times1.0+5\times2.8+(x-9)\times3.3$

したがって、この

$(x+1)\times2.8=4\times1.0+5\times2.8+(x-9)\times3.3$

という1次方程式を解けば、知りたい山の下の部分の深さxが求まる。実際に解けば、$x=29$キロメートルである。

筆者が、この問題をテキストに入れることになった原因は、実は、高校のとき地学ごこの手の問題が出題され、赤点を取った経験にあった。塾で、地球物理の院生と議論しているときその話をしたら、「どうしてあれがわからないのですか、すごく簡単で面白いのに」とさっきの原理を教えてくれて、「なんだそういうことか」と十年以上も経ってのリベンジとなった次第。失敗談も仕事に活かすことはできるのである。

この問題は、設定を理解するには多少苦労するだろうが、こどもたちにとって、よくあるつきなみな文章題を百題解くより、ずっと大きな感動をもたらすはずであるし、筆者が教えた経験でもそうだった。とってつけたような「問題のための問題」とは異なり、これ

はわたしたちの地球に関する知識を深めるものだから、こどもたちのまなざしは活き活きとする。

しかし、探せば探すほど、このようなセンスのいい文章題が希少であることもわかってきた（筆者が収集した文章題は拙著『数学ワンダーランド』（東京出版）に収められている）。多くの高校受験の文章題は、人工的でただただ面倒なだけの問題で、とても「世界の数理的記述」と呼べるようなしろものではなかった。そこで、筆者は仕方なく、生物学、化学、物理学にネタを探し求めてさまよい歩くこととなった。しかし、それもすぐに行き詰まった。これらの分野の法則は、みな精緻に自然現象を記述しているため、設定が込み入りすぎて文章題には適しなかったし、だからといって設定に変更を加えたり単純化したりするのは、偽物の自然現象を教えることになって教育上よろしくない。

困りはてた筆者は、文系分野でありながら数理的な方法を使っている経済学に足を伸ばした。経済学は、自然科学ほど厳しい設定の制約はなく、こういう言い方もなんだが、「なんでもアリ」の分野だったので、文章題の題材の宝庫といってよかった。そんな邪《よこしま》な動機から筆者は経済学の独習をし始めたのだが、ミイラ取りがミイラになる、とはまさにこのことだ。それをきっかけに筆者は、経済学の勉強に没頭し、しまいには経済学の専門家への道に踏み出すことになってしまったのである。人生の転機がどんなきっかけでやってくるかも、また、わかったものではない。

関数こそ、この複雑な世界への入り口だ

このような「世界の数理的記述」を学ぶのに、実は、文章題よりも向いている題材がある。それが「関数」だ。関数は、中学生で初めて習ってからずっと数理科学の学習の根幹を成すもので、現代の数理科学における重要さという意味では、幾何や代数とは比較にならないほどの位置を占めている、といってもいい。

わたしたちの住み暮らすこの自然や社会は、「規則」とか「法則」というものが取り巻いている。人間は、それを見抜き、時にはそれを巧みに利用して、自分たちの生活を快適なものにしたり、危険を事前に避けたりする。また、ある場合人間は、それらの「規則」や「法則」によって、商売や社会制度を設計している。それらの「規則」や「法則」は、もちろん言葉で捉えられることもあるだろうが、一般には関数を使って記述されるものである。

だからもちろん、ある年齢に達したこどもたちのなかには、関数はすでに萌芽している。なぜなら、彼らも彼らなりに、「規則」や「法則」のなかで住み暮らしているからだ。関数は、「一つの量 x を別の量 y に変換する」という機能を表現するものである。わた

したちを取り巻く世界には、いくつかの量がなんらかの理由で関連づけられている。それは「原因と結果」だったり、「一方が大きくなると他方は小さくなる」というような「相関関係」だったり、あるいは「時間に伴う変化」だったりする。関数は、世界の事物の関連性や変化を記述し、解き明かし、それらをコントロールするためのツールなのである。

以下紹介するものは、筆者がこどもたちに関数を教えたときに例示した、自然や社会における規則や法則を表現する関数たちである。

携帯電話の料金を関数で表現する

携帯電話の料金はおおざっぱには「基本料金２０００円、通話料は1分あたり40円」のような形式で設計されている。すると、このとき「1ヵ月にx分利用したときの代金をy円」のように変数xとyを設定すれば、xからyを計算する関数は、

$$y=40x+2000 \quad \cdots\cdots ①$$

という1次関数で表現される。

いったんこのように関数の式が得られると、利用時間から利用代金への変換はいともたやすくなる。例えばある月に２００分利用したとすれば、xに２００をインプットして、

$$40\times200+2000$$

と計算し、yに10000がアウトプットする。つまり、代金は1万円だとわかるわけだ。これは第1章で述べた文字式の持つアルゴリズム性を援用したものである。また、あなたが、「基本料金は3500円と高くなるが、1分あたりの通話料が35円と安くなる契約がある。そちらに変更すべきかどうか」などという問題を考えたいとしよう。この場合は、この契約での代金を表す別の関数

$$y = 35x + 3500 \quad \cdots\cdots②$$

も作っておいて、「②の方が①より安い」を不等式にすればいい。すなわち、

$$35x + 3500 < 40x + 2000$$

である。この不等式を解けば、

$$300 < x$$

が得られて、「300分を超えて使うなら、後者の契約の方がいい」という結論が得られる。

コオロギの鳴く回数の法則

生物界から関数の例を取り出してみよう。意外なところにも「法則」がひそんでいるから楽しい。

実は、コオロギが鳴く回数は、かなりな精密さで気温に依存していることが知られている。気温が摂氏 x℃のときにコオロギが1分間に鳴く回数 y は非常によい近似として、1次関数、

$$y=7x-30 \quad \cdots\cdots ③$$

で表されることが検証されているそうだ。したがって、あなたは、夏場に野外でコオロギの声に耳をすませば、そのときの気温を知ることができる。例えば、1分間に180回鳴くことを観測したとしよう。その場合、アウトプット y に対して、$y=180$ とわかるので、③において、

$$180=7x-30$$

を解いて、「今の気温は摂氏30℃だな」とわかる。この関数は、自然界に存在するある種の「規則」を表現している、と理解できるだろう。

余談になるが、アメリカにレイ・ブラッドベリというSF小説・幻想小説の名手がいる。この作家の児童小説に『たんぽぽのお酒』という名作がある。これは、ダグラスという少年の一夏の経験を題材にして、こどもたちにしか見えず、こどもたちにしか感じることができない世界を描いたステキな物語だ。実は、この物語の中で、主人公ダグラスが（コオロギではないが）セミの鳴き声をカウントして、気温を計算するシーンが出てくる。

ブラッドベリはこの法則を心得ていたようである。

ガリレオの落体法則

今までの例は1次関数だったが、次にあげる例は2次関数である。それは、「ガリレオ・ガリレイの落体法則」と呼ばれるものだ。

ガリレオ以前には、高いところからまっすぐに落とした物質は、一定の速度で落ちると思われていた。ガリレオはこれをくつがえし、「どんどん加速しながら落ちる」ということを実験で確かめたのだ。

実際には、まっすぐ落とすと落ちる速度があまりにも速すぎて、ガリレオの時代の測定装置ではとても計測できなかった。そこでガリレオは、うまい工夫をした。それは、ほとんど水平に近いような緩い傾きの坂道を作り、そこで球を転がして、時間と進む距離の関係を見る、というものだった。このとき、うまく坂道の傾きを設定すれば、x秒間で転がる距離をyセンチとしたとき、yとxの関係はちょうど

$$y = x^2$$

という2次関数で表されることになる。この式のxに1、2、3、4……と代入していけば、yは1、4、9、16……となっていくから、一定の速度で進まず、加速していること

がわかるだろう。ガリレオは、落下する球が一定間隔に並んだ鈴を鳴らすような仕掛けを作ったらしい。人間のリズム感というのはかなり正確なので、鈴の鳴るリズムが一定でないことから、「加速運動」であることが確かめられたのだそうだ。

ガリレオは、坂道の傾斜を変えて実験を繰り返し、関数がいつも

$$y = ax^2$$

という同じタイプの2次関数になることを突き止めた。これによって、坂の傾斜を完全な90度にしたとき、つまり、まっすぐに物体を落としたときも、このような2次関数になるだろうと推測したわけだ。

関数の歴史

中高生で関数を習うとき、「定義式」、「数表」、「グラフ」を組にして教わるのが一般的だ。これは整合性があるように見えて、逆に障壁になっている感が否めない。それもそのはずで、歴史的にみると、この三つのパーツはすべて別個の形で考え出され、最終的に統合されたのであって、初めから今のような形式になっていたわけではないのである。

関数 (function) という名称は、十七、八世紀の数学者ライプニッツによって命名された。そして、ライプニッツが導入し、その後に数学者が洗練して作り上げた関数記号

$f(x)$ が現在も用いられている。

ライプニッツという人は、2進法を考え出した数学者としても有名だ。彼は、自然の法則をすべて記号化して理解しようともくろんだ。そのような「ライプニッツの記号代数の夢」は、現代数学やコンピュータ科学に大きな影響を及ぼしたといっても過言ではない。

ここで、ライプニッツの関数記号 $f(x)$ について、簡単な解説をしておこう。

$f(x)$ の「f」は関数を区別するためのラベル（名札）のようなものである。つまり、「f」は何らかの「規則」や「働き」を表しており、xとして何かがインプットされたとき、そのxに対して決まった規則や働きで結びつけられているyをアウトプットする。そのアウトプットされるyのことを$f(x)$と書く（エビxを入れると、ころも$f(\ )$がついて、エビのテンプラ$f(x)$になって出てくると想像するといいだろう）。

例えば、関数fが「インプットされた数を2倍にしてアウトプットする」という働きをするなら、$f(5)$は10で、$f(8)$は16となり、一般のxに対しては

$$f(x)=2x$$

となるのだ。

もちろん、関「数」という名だからといって「数」に関するものでなくてもかまわない（実際、英語functionは「機能」「作用」といった意味の言葉だから、数とは直接には関

係はない)。例えば、関数 c を「インプットされた生物の子供の名称をアウトプットする」という働きのものとするなら、

c(ニワトリ)=ヒヨコ

c(カエル)=オタマジャクシ

c(トンボ)=ヤゴ

等々となる。c は「親子」という関係性を表現する「規則」となっているのである。また、使うアルファベットも一文字でなくてもいい。c でなく child として、

child(ニワトリ)=ヒヨコ

と書いてもかまわない。むしろ、この方がよりわかりやすいだろう。この例を見ただけでも関数には、かなり広汎な利用法があることが感じとれるに違いない。

関数は、「働き」を表すものなのに、関「数」という「数もどきの名前」がついてしまったのにはいきさつがある。それは、中国経由でこの概念が日本に入ってきたことだ。中国では関数のことを「函数」と記すそうである。function の発音をそのまま漢字に当てはめ「函数(ハンシュウ)」としたのだ。日本は、これを「漢字」のまま輸入して、読みのほうを日本語にして「かんすう」とした。さらに、「函」が当用漢字にならなかったために「関数」としたので、中国語の読みからもはずれてしまうこととなった。こうして、中国

では単なる「発音」だったものが、日本に来たときは「無意味なことば」にすりかわってしまったのである。

ただ、関数がいつもこの記法で表されるとは限らないのが困りものである。例えば三角関数は sin x などと記される。本来は sin(x) などと書くべきところをカッコが略されてしまったので、通常の関数の記法とだいぶ違う印象を与えてしまう。対数関数 log x も、同じタイプの記法である。

ただこのような記法の混乱は仕方がない面があるのだ。いわば歴史的経緯ということである。三角関数や対数関数は、関数というものが考え出される前から使われていたからその名残として、そういう記法になってしまったのである。

このことは、こどもたちに混乱をもたらす原因となる反面、逆に、他の関数よりも三角関数や対数関数のほうがすんなり受け入れてもらえるチャンスにもなる。それは三角関数や対数関数が、歴史遺産であり、実用のために生み出されたものであることを強調することができるからだ。

サイン、コサインはアラビアで実用化された

三角関数は、関数ではなく、数表という形式で導入された。

角度	sin
9°	0.1564
10°	0.1736
11°	0.1908

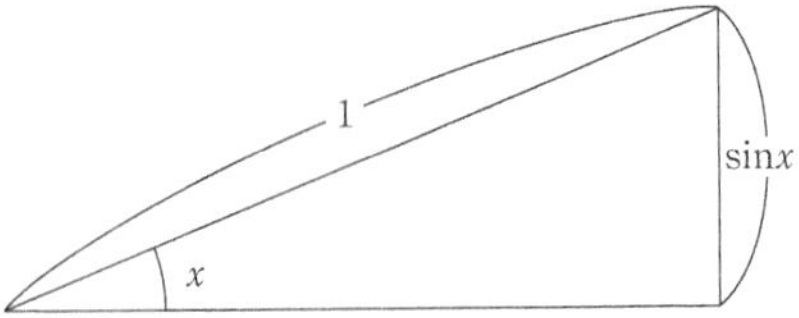

図3-2　sinの数表（一部）

例えば、sin xというのは、斜辺の長さが1の直角三角形の一鋭角がx度のとき、それに向かいあう辺の長さを与える数表だった。その一部を抜き出したのが、図3－2である。

したがって、傾斜が10度の坂を1メートル進めば、（表から）出発点より高さが0・1736メートル高くなるとわかり、100メートル進めば、もといた地点より17・36メートル高い場所に行く、とわかる。

このようなsinの数表は、八世紀頃のアラビア（現在でいうところの中東）で完成された。今の例でわかるように、三角関数は測量の技術と関係が深く、天文や建築での実用からこのような数表が古くから使われてきたといわれている。

例えば、天文観測で、次のように水星という惑星の公転半径を計測することができる。

図3－3を見てみよう。水星というのは太陽に最も近い惑星であり軌道はほぼ円だが、地球から見て水星が太陽から最も離れて見えるとき、地球から見た太陽と水星の成す角は約23度である。これは

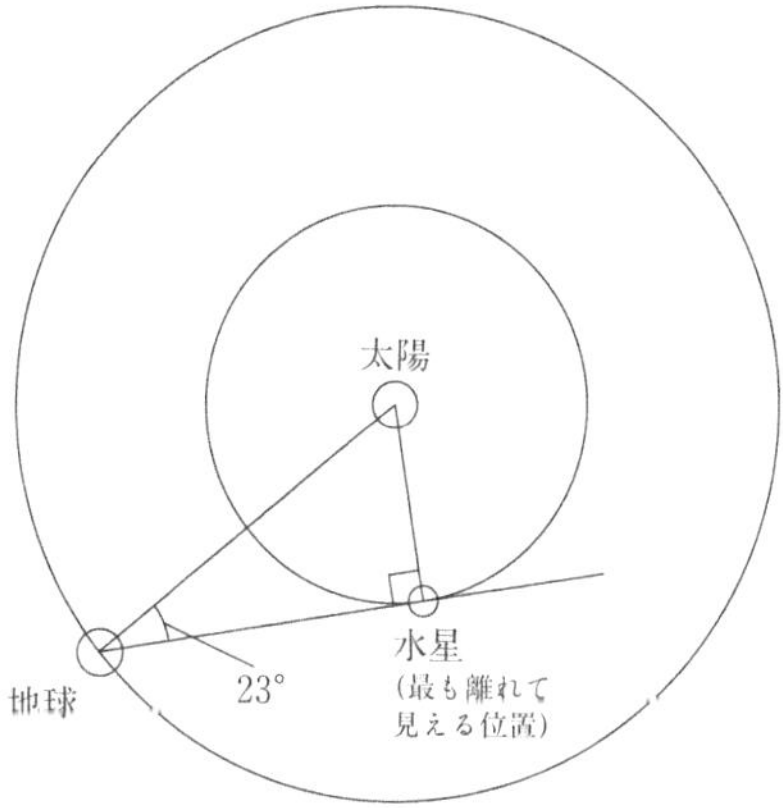

図3-3　水星の公転半径

天体望遠鏡で測定することができる。このとき、(接線の幾何的性質から) 地球と水星と太陽は直角三角形を成して並んでいるので、水星の公転半径は地球と太陽の距離のsin23°倍ということがわかる。地球と太陽の距離はおおよそ1億5000万キロメートルで、sin23°は約0・39だから、水星の公転半径は1億5000万キロメートルに0・39を掛けておおよそ5850万キロメートルとわかるのである。

この直角三角形についての数表を、xが90度を超えてもインプットできるように自然な拡張をしたものが、一般の三角関数である。このように定義を拡張すると、三角関数は「波動」や「振動」などを表すものになる。「波動」や「振動」は、現代では電波や電気などに現れるものとして、日常的なものになっているから、三角関数の実用性はさらに高まったといっていいだろう。

対数関数は計算機のはしり

対数関数$\log x$は、十六世紀のスコットランドの数学者ネイピアによって考案された。これも、関数としてではなく、数表として与えられたものだった。対数にもいろいろな種類があるが、最も標準的な「常用対数」は、「ケタ数」を拡張したものだと考えればいい。出発点は、位取りの数（10のべき）に「ケタ数引く1」を対応させる表だ（図3－4）。これは10^nにnを対応させている表だと理解しても同じことである。

数（10のべき）	ケタ数－1
1	0
10	1
100	2
1000	3

図3－4

この表には、とても重要な特徴が潜んでいる。それは、左側の列において「掛け算の等式」が成立すれば、右側の列の対応する場所では「足し算の等式」が成立する、ということだ。

例えば、左側の2、3、4段目において、$10\times100=1000$が成立しているが、そのちょうど右側では、$1+2=3$が成り立っている。つまり、左側の任意の二数、aとb、の掛け算の結果を知りたかったら、aの右にある数pと、bの右にある数qに対し、その和$p+q$を計算し、その結果が右側の何段目にあるかを探し、そのちょうど左側にある数字cを見ればいい。このcが$a\times b$の結果となるのである。

この便利な性質は、この表の左列が10倍10倍となっていく10のべき数でしか活かせないので、このままでは役に立たない。しかしもしも、左側をもっと細かい刻みにできれば、「今の原理を使って掛け算を足し算で代用できる」、そうネイピアは発想し、それを実現したのだった。

具体的には、例えば、図3－5のようなものになる。これは、1と10の間を整数の刻みで埋めた表である。この表は、ケタ数の概念を拡張したものだ。そのxの「拡張ケタ数」を$\log x$という記号で書く。xがたまたま「10のn乗」のときは、

$$\log x = n = [x\text{のケタ数} - 1]$$

となっている。

x	$\log x$
1	0
2	0.301
3	0.477
4	0.602
5	0.698
6	0.778
7	0.845
8	0.903
9	0.954
10	1

図3－5

今、2×3という計算を実行したかったとしよう。2の右側の数は0.301で、3の右側の数は0.477だ。この二数を加えると0.778となる。右の列からこの数字を探すと六段目にみつかる。その左側の数字は6だから、2×3の結果は6とわかる、そういうあんばい

なのだ。

この性質を関数記号で書くと

$$\log(ab)=\log a+\log b$$

ということになる。この式はまさに、「左辺の掛け算が右辺の足し算で代用される」ことを意味している。

同様にして以下のようなことも成立する。

$$\log(a\div b)=\log a-\log b$$

$$\log(a\text{の}k\text{乗根})=(\log a)\div k$$

この公式によって、割り算を引き算で代用したり、べき乗根を割り算で代用したり、と計算を簡易化することが可能となるのである。

このようなネイピアの対数の発見によって、ヨーロッパでは計算技術が大幅に進歩した。惑星の軌道についてなど、さまざまな数理的な研究が、このような計算の簡便化によって大きな進歩を遂げることができたのである。

常用対数の身近な応用例としては、地震の大きさを測る「マグニチュード」がある。地震の揺れの振幅をxマイクロメートルとしたとき、マグニチュードは$\log x$で計算される。

ということは、マグニチュードが1増えることは、振幅の「拡張ケタ数」が1増えることなので、振幅は10倍になることだとわかる。マグニチュードが1上がることは、想像以上に地震が大きくなるということなのである。

因果の連鎖は関数の合成で表される

関数たちの間にも数たちと同じように四則演算を導入することができる。

例えば、同じ数xを関数hと関数kにおのおのインプットして、出てきた数を合計することを、別の関数eの働きだと捉えることができる。つまり、

$$e(x)=h(x)+k(x)$$

ということだ。この関数eを「関数hと関数kの和」という。関数どうしの差・積・商も同様に定義できる。

しかし、関数の間にはもっと重要な演算がある。それは「合成」と呼ばれる演算だ。しかも、これは数たちの演算には存在しない、関数に固有のものなのである。

関数の合成とは、「複数の関数をつなぐこと」である。例えば、関数hと関数kを合成してみよう。まず、xを関数hにインプットして、アウトプットしてきたものをyとする。$y=h(x)$ということである。このアウトプットyを再び関数kにインプットしよう。そしてアウトプットしてきたものをzとする。$z=k(y)$となる。図式化すると、

$x \rightarrow [h] \rightarrow y \rightarrow [k] \rightarrow z$

ということだ。書き換えれば、

$x \rightarrow [h] \rightarrow h(x) \rightarrow [k] \rightarrow k(h(x))$

とも書けるから、結果的には、

$z = k(h(x))$

ということである。つまり、xが箱$h(\ )$に包まれ、その上から箱$k(\ )$に包まれる、そんな感じとなる。

この「まずhに入れて、次にkに入れる」という二段階のプロセスを、まとまった一つの操作だと見なせば、「xをインプットすると、ある規則で変形されたzがアウトプットする」という新たな「規則」と見なすことができるだろう。この途中経過を省略して「一つの規則」としたものを関数fとしよう。この関数fは「関数hと関数kの合成関数」と呼ばれる。具体的には、xをインプットしたときのアウトプットは次のようになる。

$f(x) = k(h(x))$

演算記号としては、「$\circ$」を利用して、

$f = k \circ h$

と書かれる（最初にインプットする関数を右側に書くことに注意）。

このように複数の関数の合成によって作られた関数が「合成関数」である。感覚をつかんでもらうために、簡単な計算例を与えよう。

二つの1次関数 $h(x)=2x+3$ と $k(x)=5x+1$ が与えられたなら、合成関数 $k\circ h$ は次のように求められる。

$$k\circ h(x)=k(h(x))=k(2x+3)=5(2x+3)+1=10x+16$$

実はこのように作られた合成関数こそ、「世界の数理的成り立ち」をみごとに表現するものだといっていいのだ。

例えば、x円のお金で買えるガソリンの量yリットルが関数 $y=h(x)$ で表され、ある自動車のyリットルのガソリンでの走行距離zキロメートルが関数 $z=k(y)$ で表されるなら、合成関数 $k\circ h$ は、x円での走行距離を直接計算する関数だということができる。これは、

「お金」→「ガソリン」→「自動車による移動距離」

という「因果の連鎖」を表現したものである。

また、気温が摂氏y℃のときにコオロギが1分間に鳴く回数 $k(y)$ は近似的に $k(y)=7(y-30)$ で与えられることは、すでに解説した。ここで、摂氏ではなく華氏の方でこの規則を表現してみよう。今、華氏x°Fを摂氏y℃に変換する公式は、

$$y=h(x)=\frac{5}{9}(x-32)$$

となっている。したがって、このhとkをこの順に合成して$k\circ h$を作れば、華氏x°Fのときの1分あたりにコオロギの鳴く回数を求める関数が得られるのである（実際、前に紹介した『たんぽぽのお酒』では華氏が使われている）。これは、

［華氏］→［摂氏］→［コオロギの鳴く回数］

という法則の連鎖を表している。

関数から別の関数を生み出す大切な操作はもう一つある。それが「逆関数」だ。「逆関数」とは、xをyに変化させる「働き」を逆に見て、yをxに戻す操作を一つの「働き」と見なして作る関数である。

例えば、前に例にした「親の名称をインプットすると子供の名称をアウトプットする関数」、child（ ）を再び取り上げよう。具体的には、

child（トンボ）＝ヤゴ

child（カエル）＝オタマジャクシ

というような関数だった。この関数の逆関数は何だろう。そう、「子供の名称をインプットすると親の名称をアウトプットする関数」だとすぐわかるだろう。これをparent（ ）

と書くことにすれば、

parent（ヤゴ）＝トンボ

parent（オタマジャクシ）＝カエル

のようになる。

逆関数には、次のような重要な性質がある。元の関数と逆関数を合成すると、「何もしない関数」（恒等関数と呼ばれる）になる、という性質である。例えば、今の例なら

child（parent（ヤゴ））＝ヤゴ

のようになる。この合成関数（child)$\circ$(parent）をfと書くなら、fはインプットされたものをそのままアウトプットする関数、すなわち、$f(x)=x$という恒等関数になるわけだ。

幾何学と代数学を結びつける発明

中学生が関数を習うとき、座標平面でのグラフと関係づけて習う。しかも、ほとんどの時間は、関数をグラフの中で扱う手法に費やされるので、多くの中学生は、「関数とグラフは同じもの」と誤解してしまう。

ところが、歴史的には、座標平面にグラフを描く、という考え方は、関数よりも先に完

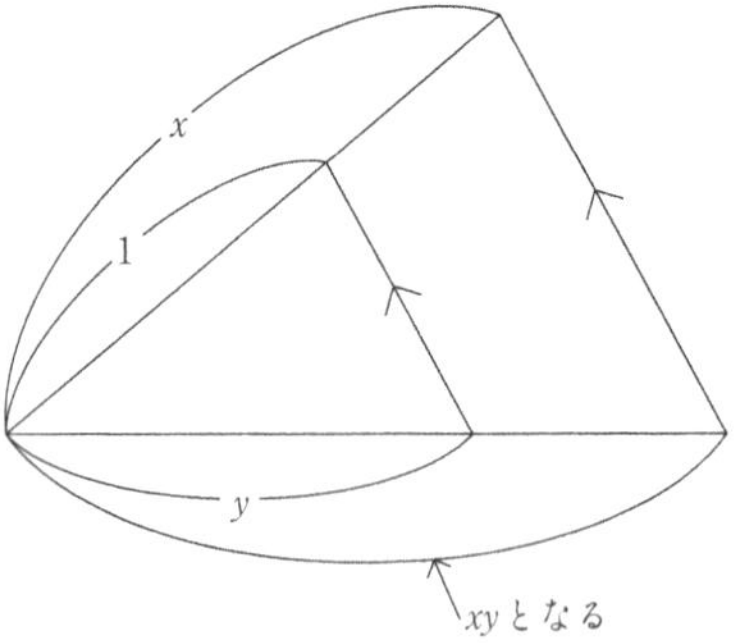

図3−6

成されていたのである。実際、これは十七世紀を生きたフランスの二人の数学者デカルトとフェルマーの功績だった。彼らは、関数を発明し関数記号を編み出したライプニッツより一世代前の人だった。

デカルトは、幾何学と代数学を結びつけるための手法を考案した。それまで大きな問題だったのは、$xy=x+y$ のような方程式を幾何学で表現することができないことだった。なぜなら、x、yを「線分の長さ」だと考えた場合、左辺はxとyの積なので、幾何学的には「長方形の面積」を表す。他方、右辺はxとyの和だから「長さ」である。左辺と右辺で次元の異なる量を表しているので、この方程式を図形で解釈することができないのである。

デカルトは、「平行線と比例」の定理を利用すれば、この方程式も図形に持ち込めることに気がついた。具体的には、図3−6のようにすれば、比例計算によって、積xyを線分の長さとして作り出すことができる。デカルトは、代数計算の結果をすべて線分の長さとして表現することに成功したのである。このことは、逆に見ると、幾何学での図形の性質の研究を、代数計算に置き換えることができることを意味している。デカルトによって、幾何の証明を代数計算で実行する手法が開発されたわけだ。このような考え方は、現代の数学で最も重要な手法となっている。

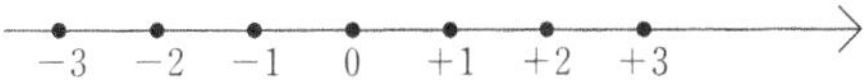

図3−7　数直線

デカルトの考え出した座標平面

先ほど説明した「線分の代数」のあと、デカルトは座標平面の方法にたどり着いた。また、ほとんど同時期に、フェルマーも同じ発想にたどり着いていた。

デカルトは、幾何を代数に置き換えるには、数と点を対応させればいい、と気がついたのだ。その発想が、「数直線」となって結晶することとなった。「数直線」とは、図3－7のように、直線上の点のひとつひとつと、数ひとつひとつとを対応させたもののことだ。

これで、「点⇔数」という一対一対応ができあがったのだが、ここにさりげなく「負の数」も使われていることに注意しよう（0以上の数だけでは、明らかに、直線のすべての点に数を整然とは対応させられない）。デカルトは、当時はまだ認められていなかった負の数の重要性の、初期の理解者でもあったわけだ。

デカルトは、二本の数直線を0の点の場所で直交させることによって、平面上のすべての点と「数のペア」とを一対一対応させることができることに気がついた。この「数のペア」を座標と呼ぶわけだ。具体的には図3－8のようにやればいい。さらには、三本の数直線を使えば、空間の点と「三つの数の組」を一対一対応させることが可能であり、デカルトは、このようにして空間座標も導入したのである。

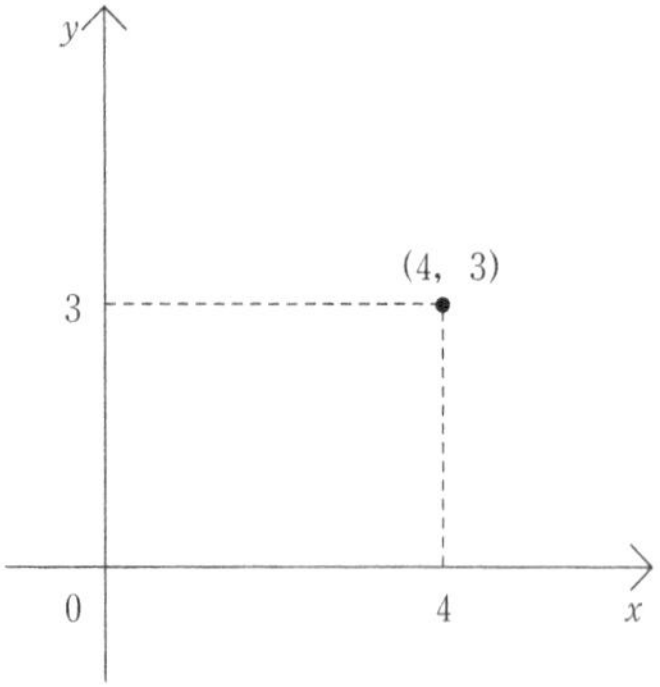

図3-8　座標＝数のペア

筆者は、グラフの講義をする前に、こどもたちに「平面の位置を知らせたり記録したりするための方法を知っていますか」とたずねることにしている。それはこどもたちのなかにすでに座標に類する感覚が芽生えているかどうかを知りたいからである。

まず、多くのこどもたちから、「地図の緯度と経度」という解答が出てくる。つまり、ほとんどのこどもは、すでに座標の特別な例として地図というものを知っているのである。また、将棋好きのこどもがいれば、将棋の棋譜が例えば「1三歩」などのように座標によって記録されていることを挙げてくれる。機転が利くこどもなら、教室の座席なども「前から2列目で右から3列目」のように表現できることを指摘する。さらには、ませたこどもなら、テレビのブラウン管の原理、つまり、画面上の点たちをビームで点灯させて作画していることが、座標と同じシステムであることを直感できるようである。

デカルトによる座標の導入を思いっきりイメージ化して言うと、平面を、縦横に走る無数の直線で編み上げられたもの（ペルシャ・カーペットのようなもの）と見なし、平面上のすべての点を任意の横線と縦線の交点と見なして、縦線の番号と横線の番号によってあらわした、という感じだろう。

このような発想は、デカルトのものの見方の根本と関係が深い。実際、デカルトは有名な著作『方法序説』の中で、次のようなことをいっている。

「建物が、ここに大きいのが、あちらに小さいのが、という風に並んでいるのを見、またそのために街路が曲がりくねり高低になっているのを見ると、それらをそのように並べたものは、理性を用いる人間の意思であるよりはむしろ偶然であるといいたくなる」

つまり、デカルトは、都市における建物がてんでんばらばらに建っているのが我慢ならず、それらが整然と格子状を成しているのがいい、と考えているわけだ。すべての道がまっすぐで直交するものになっており、それらで区画化された場所に建物が建っていることを理想としているのである。このような彼の性向がきっと、「座標」という発想を思いつかせたのだろう。

図形を方程式に変える

このように平面上のすべての点を座標 (x, y) で表現することで、図形は「ある規則を満たす座標の集合」として表現されることになる。この方法によって、幾何学を代数学で代用できる、と思いついたのが、デカルトの偉大さであった。

実際、平面上の直線はすべて $3x+2y=5$ のような「2変数1次方程式」で表すことができる。そうすると、「二直線の交点」は、「二つの2変数1次方程式の共通の解」、つまり「連立方程式の解」に対応する。あるいは、「二直線が平行」ということは、「二直線に交点がないこと」であり、それは「連立方程式に解がないこと」と対応する。このようにしていけば、直線図形の性質は、すべて「2変数1次方程式」についての何かと対応させることができ、直線図形の定理の証明を、連立方程式を使った代数に置き換えることが可能となるのである。

このデカルトのすばらしい発想は、その後に関数や高次方程式と結びついて、現代の数学研究の主流となっていった。幾何について、図形認識の届かない部分は代数で突破し、逆に代数について複雑すぎて計算の及ばない部分には、幾何のイメージの助けを借りて活路を見出す、そんな具合なのである。

関数のグラフにおける「時間」の困難

座標平面の方法は、「方程式を図形化」するだけでなく、「関数を図形化」することにも役立ち、むしろこちらのほうが中学生の勉強では強調される。

その方法はとても簡単なものだ。規則f（関数f）によって、数xが数yに結びつけられる（変換される）なら、座標（x, y）の位置に点を打つ。言い換えるなら、座標（$x, f(x)$）の位置に点を打つ、ということだ。そして、xをすべての実数にわたって動かしていけば、打たれた点も動いていって、図形を描く。それが、関数$y=f(x)$のグラフである。

関数とは「法則」や「規則」のことだったから、関数のグラフは、いってみれば、「法則や規則のビジュアル化」である。「法則」や「規則」というのは抽象的なものだが、それは関数のグラフによって視覚化することができるのである。

ただ、こどもたちが関数のグラフを学ぶとき、非常に大きな障壁が一つある。それは、「時間軸を持ったグラフ」、いわゆるダイヤグラムだ。

中学生が扱うような関数でも、x軸を時間軸にしたものが存在する。例えば、自宅から

3キロメートル離れたバス停から時速4キロメートルで自宅から遠ざかる甲くんのx時間後の自宅からの距離yを関数にすると、

$$y=4x+3$$

となり、グラフは図3－9である。このとき、多くの中高生は、このグラフを「時間変化」のグラフとして認知することができない。彼らは、この直線ＡＢを「甲くんの進んだ軌道」（いわば、甲くんの足跡）だと誤解してしまうのだ。その証拠に、「甲くんはＢに達した時点で、自宅にUターンした。グラフを書き加えよ」という問題を出すと、彼らは図3－10や3－11のようなものを書いてしまう（いうまでもないことだが、正解は図3－12）。

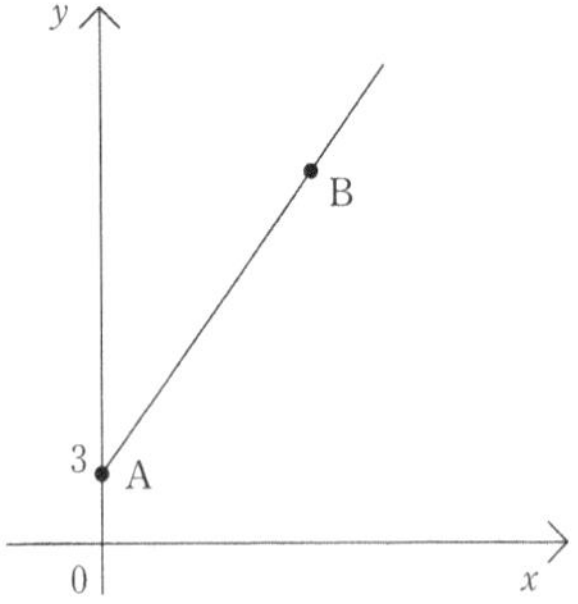

図3-9

この誤謬は、「時間というものの難しさ」を如実に表している、といっていいだろう。

時間について深く思索した哲学者マクタガートによれば、人間にとって時間というのは二種類の意味がある。

第一は、「前後がある点の集まり」という意味での「時間」。つまり、時刻1、時刻2、時刻3のように、数値の大きさが「できごととしての前後」と対応している、そういう意味での時間である。これは数直線上の点と一対一に対応する。

そして第二は、「過去・現在・未来」という意味での「時間」。「まだ現実でなかったものが、現実となり、また消失する」「未来であったものが、現在として現れ、過去に消えていく」といういわば「動く今」という意味での時間である。マクタガートはこの二種類の時間を区別し、そこに時間の矛盾を見出したのだ。

この区別でいうと、図3－9のダイヤグラムに現れている時間は第一のタイプの時間で

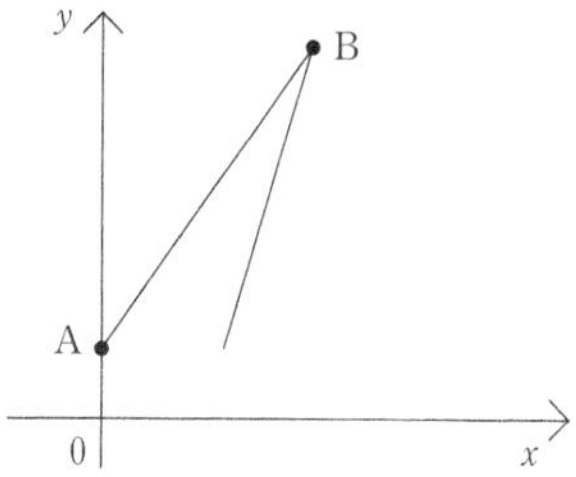

図3-10

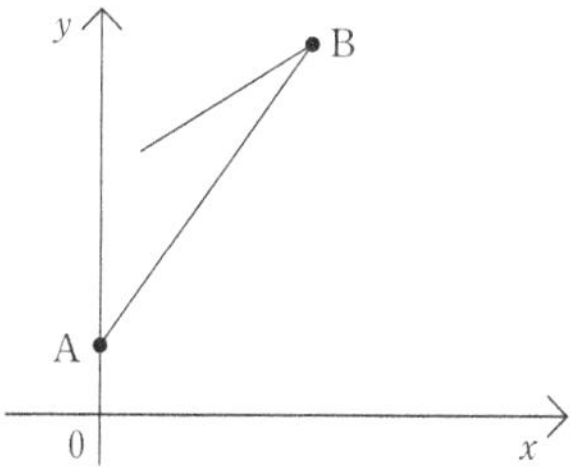

図3-11

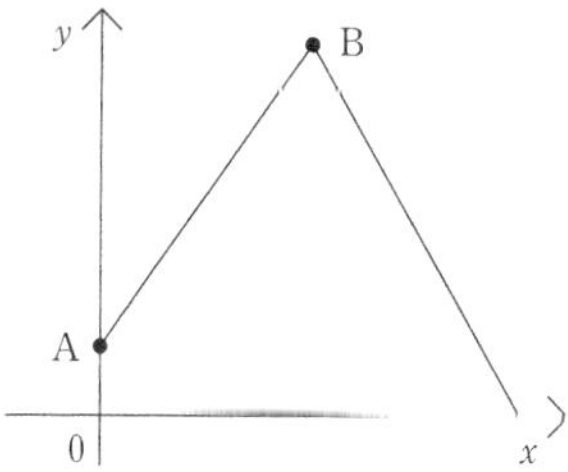

図3-12

ある。それは、流れゆく時間がすべていっぺんに（x軸上に）記録されている。しかもそのどこにも「流れゆく」のイメージが表されていない。見た目、静止画像そのものだからだ。

　ところが、わたしたちが認知している時間は、一般には、第二のタイプの時間である。わたしたちは常に「現在」の上に乗っかって、（さながら流氷の上のペンギンのように）時空の中を移動している。したがって、「全時間の記録」であるダイヤグラムを脳が簡単に受け付けてくれないのは、当然といえば当然なのである。ダイヤグラムの中に「動き」や「変化」を見いだせるようになるためには、通常のグラフと関数の理解に加えて、もう一つ別の訓練が必要なのだ。

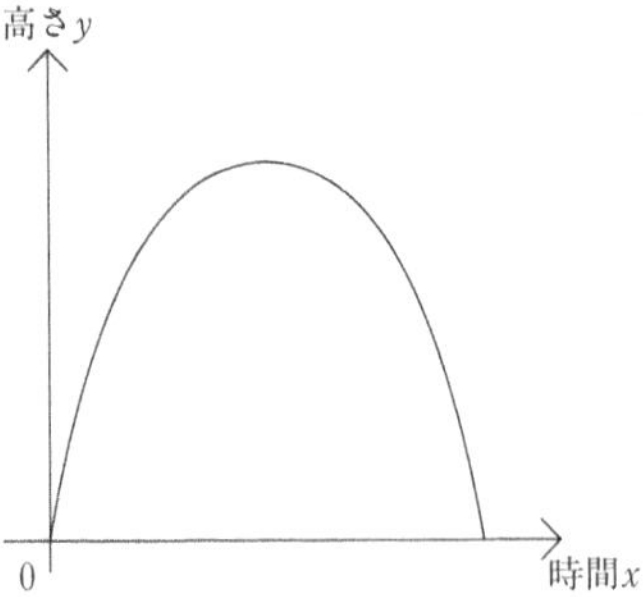

図3−13

　このような「平面上に記録された時間」をきちんと理解しないまま先の学習に進むと、大きな困難にぶつかることになる。それは主に、「動学的」な科学、つまり時間を通じた変化を解析する分野を理解しようとするときに生じる。物理学がその典型である。

　例えば、図3－13は、上空にまっすぐに投げあげた物体の時間変化を表した落体運動のグラフだ。多くの高校生は、このグラフの放物線を物体の描く実際の軌道だと誤解してしまう。しかし、これは物体の高さの時間変化を表したものであり、右に行くことは時間が経過することを表している。物体はまっすぐ上空に上がって、まっすぐ落ちてくるだけである。

ところが高校生たちは、この図を「物体が前方に斜めに上がっていって、そして前方斜めに落ちてくる」ように錯覚してしまうのである。このような「動学」のグラフによる理解の改良は、今後の数学教育の課題だろう。

微分という魔法の算術

関数を生み出したのは、十七世紀のライプニッツであることを前に説明したが、それは微積分の発見と対《つい》になっていた。

微積分は、十七世紀、ニュートンとライプニッツによって、同時に独立に発見された。そのきっかけを与える研究は、もう少し前に、フェルマーやデカルトなどの数学者たちによって積み上げられた。彼らが「座標」を利用した幾何学の発案者であることは先に解説したが、このような代数と幾何をミックスした数学を研究する過程で、彼らが微積分にめぐりあったのは必然的だったといえよう。

フェルマーが微分のとっかかりになる方法を思いついたのは、関数の極大値や極小値を簡単に求める手法を考えたときだった。極大値（極小値）というのは、そのごく近くの範囲だけ見れば最大（最小）になっている値（つまり、グラフで小高い山の頂上（谷）になっている点）のことだ。

例えば、フェルマーは次のような問題を扱った（具体的数値問題に書き換えて解説する）。

問題　長さ10センチの線分を二つに分けてそれを二辺とする長方形を作るとき、面積を最大にするにはどうしたらよいか

フェルマーは次のように考えた。まず、二辺を x と $10-x$ に設定する。面積は、

$$S(x)=x(10-x)=10x-x^2$$

という2次関数で表せる。この関数を最大にする x を求めたいわけだ。関数を最大（極大）にする x を仮に a と書こう。このときの面積は、

$$S(a)=10a-a^2$$

である。

ここで、フェルマーは実に面白い発想をした。xをこのaからほんのわずかの量eだけ変化させたら、関数の増減はどうなるか、ということに注目したのだ。$x=a+e$における長方形の面積は

$$S(a+e)=10(a+e)-(a+e)^2$$

となる。次に、これが最大値$S(a)$からどのくらい減少しているかを計算しよう。

$$S(a)-S(a+e)=-10e+2ae+e^2 \quad \cdots\cdots ①$$

ここでフェルマーは、「魔法のおまじない」を行った。図3−14を見てみよう。そして、

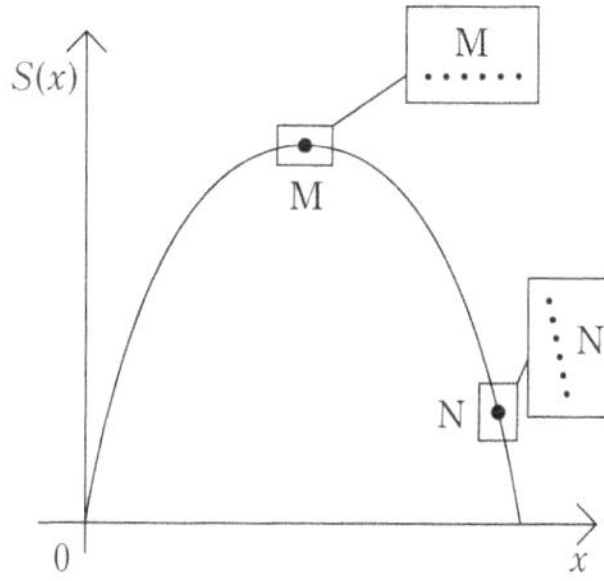

図3−14

図についてこんな理解をして欲しい。仮に曲線が微小な粒粒が連なってできているものと見なしてみる。すると、最大点Mのごく最寄りと、最大点でも最小点でもないNのような点のごく最寄りでは粒々の連なりの様子が違うことに気づく。Mのごく最寄りでは粒々がほぼ水平に連なっており、Nではそうでなく斜めに連なっていると想像されるだろう。このことを数学的に表現するなら、次のように理解できる。

「もしもaで最大値を取るなら、aから超微小量eの分だ

け右に進んでも左に進んでも関数の値は変化しない」

超微小量eとは、「具体的な大きさを持たないほど小さいが、ゼロではない量」のことで、連なる粒々の一個を表すものだと考える。そして、図3－14のように、最大点（極大点）ではそのような超微小量eだけの変化では関数値は変わらない、そう想像するわけだ。したがって、①式の値は0となるだろうと判断する。つまり、

$-10e+2ae+e^2=0$　……②

ここで超微小量eは0ではないとしたので、この式の両辺をeで割ると

$-10+2a+e=0$　……③

となる。最後に、eは超微小量なのだから無視しても影響がない、と判断し、

$-10+2a=0$　……④

これを解けば、最大値を取るaは5センチと求まる。これがフェルマーの解法なのだ。

この解法は通常の数学の立場から見れば、かなり突拍子もない、言ってしまうなら単なる「でたらめな考え方」だといえよう。「具体的な大きさを持たないほど小さいが、ゼロではない量」eというのはまこと思弁的・妄想的だ。曲線は、実際には、無限個の点がすきまなくべたーっと連なってできているので、「粒々の作る列」のような見方をすることはできない。とりわけ、「ある点のその隣の点」という表現は正しいものではないのであ

る（実際、どの異なる二点の間にも必ず別の点が存在する）。また、②から③では e が0でないから両辺を割る、としながら、③から④では平然と e を0とおいてしまうのも一貫性が無いと批判される。

しかし、論理破綻しているように見えるこの方法で、いつでも正しく極大値や極小値が求まってしまうのもまた事実なのだ。当時の数学者は、たぶん、このような方法を『魔法の算術』として捉えていたのだろう。実際、この方法はフェルマー以外に、デカルトも、ニュートンも、ライプニッツも平然と使っていた。この時代には、数学という学問は、厳密な論理というよりは何か「術」のようなものと見なされていた、ということだと思われる。

以上が創成期における微分法なのだが、その後、二百年くらいの時間をかけて、論理的整合性を持つ方法として改良されていった。最もきちんとした論理的体系を整備したのは十九世紀のフランスの数学者コーシーで、それが現在の標準となっている（大学で習うイプシロン・デルタ論法というやつだ）。それは「超微小量」のような概念を排除し、代わりに「すべて」と「ある」という論理記号によって明確に記述される「極限」という概念を導入したものである。これにはもはや、どこにも魔術的な要素はない。現代の日本の高校生にはこれを簡易化したバージョンが教えられている。

他方、いったんは淘汰されたかにみえた「魔法の算術」も、二十世紀にみごと復興を遂げることになった。十九世紀末から急速に発展した「集合と論理」で基礎付けされた数の理論」（数学基礎論）の進歩によって、十七世紀におけるこの「超微小量 e を土台とした魔法の算術」にも論理矛盾のない体系を与えることが可能だと判明したのだ。それは「超準解析」と呼ばれるものである（数学基礎論については、その一端を第5章でお見せする）。

微分とは結局「真似っこ関数」を作ること

日本の微積分の教育は、高校でも大学でも「極限操作」を基礎にしている。しかし、筆者は、微分法の本質的理解のためには「極限」という操作をできるだけ削減した方がよいと考えている。なぜなら、極限という「限りなく近づいていくが、到達するわけではない」という概念（及び、それを「すべて」と「ある」の命題論理で記述したイプシロン・デルタ論法）が、こどもたちには非常にイメージしづらく、とりわけ「積の微分公式」、「商の微分公式」、「合成関数の微分公式」に至ると直感を失ってしまうからだ。このような公式をすんなり理解するためには、むしろ創成期の頃の「魔法の算術」に近い方法を取る方がよいように思える。

以下、筆者の推奨する方法論の一端を解説しよう（もっと詳しく知りたい方は拙著『マンガでわかる微分積分』または『ゼロから学ぶ微分積分』をご参照あれ）。それは、「局所的に真似っこする1次関数」である。

例えば、$f(x)=x^2$という2次関数を再び取り上げる。これは、ガリレオの落体法則を表すものであった。このような非比例的な関数は、人間の直感の届かないものである。そこで、比較的直感の届く1次関数でこの関数を「真似」できないかを考えることにする。もちろん、関数全体を真似ることはできない。2次関数$f(x)$のグラフは曲線であり、大きくたわんでいるから、1次関数のグラフである直線で全体を真似るのはとうてい無理な注文である。したがって、「一部だけを局所的に真似る」ことを考えよう。

例えば$x=2$のごく最寄りだけで似ている「真似っこ1次関数」はどう求めたらいいだろうか。$x=2$のごく最寄りだけで考えるのだから、xが2から離れている距離eを基準に取ることにしよう。eは0に近い数であり、$x=2+e$と書くことができる。このxに対する関数の値は、

$$f(x)=x^2=(2+e)^2=4+4e+e^2$$

である。

ここでeは0に近い数だから、「eの2乗」は「もっと0に近い数」になるだろう。なぜなら、例えば、$e=0.01$なら「eの2乗」は0.0001という具合に、eよりも「eの2

x	$f(x)$	$4x-4$
2.4	5.76	5.6
2.3	5.29	5.2
2.2	4.84	4.8
2.1	4.41	4.4
2	4	4
1.9	3.61	3.6
1.8	3.24	3.2
1.7	2.89	2.8
1.6	2.56	2.4

図3−15

乗」の方が2倍だけ小数の位が低くなるからだ。すると、この相対的に微小な「eの2乗」を無視して$f(x)$を$4+4e$で真似すると良いのではないか、そう思いつく。eはxと2の距離を表し、$e=(x-2)$だったのを思い出そう。この1次関数$4+4e$は$4+4(x-2)=4x-4$と、xの関数に戻せる。これを、$f(x)$を$x=2$のごく最寄りで真似た「真似っこ1次関数」と見なすのである(蛇足になるが、ここでも第1章で説明した$(a+b)^2$の展開に現れる$2ab$の項がいかに大切であるかが再確認されることになる)。

次に今求まった1次関数$4x-4$が、本当に「真似っこ1次関数」の資格を持っているかどうかを確かめるために、$f(x)$と値を比較してみよう。まず、図3−15を見て欲しい。

すると、$f(x)$を$4x-4$が非常によく真似ていることが見てとれるだろう。実際、$x=2$では値がともに4で一致しており、また、少なくとも前後0・4程度の範囲ではほぼそっくりの値をアウトプットしている。

しかし似ているとはいっても、それは「見た目の気分」にすぎないから、「何をもって似ているというのか」「他にもっと似ている1次関数がないのか」といった疑問に答える必要がある。そのために、「誤差率」という考えを導入することとしよう。「誤差率」というのは、二つの関数の値の隔たりが、xと起点2との隔たりの何パーセントにあたるかを表すものだ。

例えば、$x=2.2$のところでは、二つの関数の値には$4.84-4.8=0.04$の隔たりがあるが、それは2.2の2からの隔たり0.2に対して20％（$=0.2$）であり、これが$x=2.2$のところでの誤差率なのである。正式には、以下のように定義される。

隔たりeにおける誤差率＝(関数値の隔たり)÷(xの基点からの隔たり)

つまり、

$$\text{隔たり}\ e\ \text{における誤差率}=\frac{f(x)-(4x-4)}{x-2}$$

ということになる。図3－15の表を誤差率の表に作り替えたものが図3－16である。

隔たりe	誤差率(%)
0.4	40
0.3	30
0.2	20
0.1	10
−0.1	−10
−0.2	−20
−0.3	−30
−0.4	−40

図3−16

これを見てわかるように、誤差率はeが0に近づけば近づくほど（つまり、xが2に近づけば近づくほど）小さくなっていることがわかる。もっと$x=2$のごく最寄りだけを取り出してみると事態はさらに明白になる。それが図3－17だ。隔たりeが急速に0に近づくと、誤差率も急速に0％に近づいていくのがわかるだろう。つまり、$x=2$のごく最寄りでは、$f(x)$と$4x-4$の隔たりは、xと2との隔たりeに比較して、ごく小さい割合にすぎず、相対的には塵のようなものだということが見て取れよう。これで、$4x-4$は、$f(x)$に対して、$x=2$に近ければ近いほど、「誤差率」がいくらでも0％に近づいていく1次関数なのだということが確認できた。

隔たりe	誤差率(％)
0.1	10
0.01	1
0.001	0.1
0.0001	0.01

図3−17

真似っこ1次関数を利用する

この「真似っこ1次関数」を使って、フェルマーの問題を見直してみることにしよう。そのためには、$f(x)$を$x=2$のところだけではなく、一般の$x=a$のところで真似る1次関数をみんな求めておく必要がある。求め方は同じだから、たいした作業ではない。

xがaから離れている距離をeとする。eは0に近い数で、$x=a+e$と書くことができる。このとき、$f(x)$の値は、

$$f(x)=x^2=(a+e)^2=a^2+2ae+e^2$$

ここで、「eの2乗」はeとの比較において微小な量として無視すれば、$f(x)$の$x=a$のところでの「真似っこ1次関数」は、

$$a^2+2ae=a^2+2a(x-a)=2ax-a^2$$

と求まる。つまり、$f(x)=x^2$の$x=a$のところでの「真似っこ1次関数」は、$2ax-a^2$ということになる。さて、フェルマーの問題は、

$$S(x)=10x-x^2$$

という2次関数の最大値を求めることであった。ここで、$x=a$のところでの$S(x)$の「真似っこ1次関数」を作ろう。これは、x^2のところに、さきほど求めておいた「真似っこ1次関数」$2ax-a^2$を代入するだけで求まる。つまり、$S(x)$の$x=a$のところでの「真似っこ1次関数」は、

$$(10-2a)x+a^2$$

ということである。

さて、最大値をとるaではグラフは山の頂上になっているから、この点での「真似っこ1次関数」は水平になっている、と考えられる。もしも水平でないなら、「真似っこ1次関数」は増加する状態か減少する状態にあり、$S(x)$もそれとそっくりの状態にあるのだから、最大点とはなりえないからである。そこで、

「真似っこ1次関数」の傾き$=10-2a=0$

でなければならないとわかる。したがって、$a=5$と求まる次第である。

以上の解法は、注意深く読めば、本質的には、フェルマーの「魔法の算術」とほぼ同じ考えかたをしていることに気がつくだろう。

さて、この

$f(x)=x^2$ の $x=a$ のところでの「真似っこ1次関数」は、$2ax-a^2$

というのを、通常の教科書的表現では、

$f(x)=x^2$ の $x=a$ における微分係数は $2a$

と表現している。つまり、微分係数とは、「真似っこ1次関数」の傾きのことなのである。

また、微分係数を、aを動かしたときの関数と見なし、そうして得られる関数$2a$を導関数と呼ぶ。そして、fにダッシュをつけて

$f(x)=x^2$ の導関数は、$f'(x)=2x$

と書く。これが導関数の定義であり、「微分すること」の定義である。

微分とは近似として世界を見ること

以上のように、微分係数とは「真似っこ1次関数」の傾きのことであり、その微分係数をあらゆるxにおいて求め関数で表したものが、導関数である。だから、微分というのは要するに、複雑な関数を1次関数で局所的に近似することなのである。

このように「微分」を「真似っこ1次関数」で捉えることが、「極限操作」で捉えることよりもわかりやすいもう一つの証拠として、導関数の演算公式を挙げることができる。実際、「和の微分公式」、「積の微分公式」、「商の微分公式」、「合成関数の微分公式」はいずれも、「真似っこ1次関数」で導出するほうがずっと易しくなるし、直感にも訴えかけるのである。「合成関数の微分公式」を例として、それを確かめることとしよう。

目標は、$h(x)$と$k(x)$の合成関数$f(x)=k(h(x))$の導関数を求めることである。

今、$h(x)$, $k(x)$の導関数（＝微分係数を関数とみなしたもの）は、それぞれ$h'(x)$, $k'(x)$と書ける。これは単に記号の約束であった。すると、$x=a$における$h(x)$の「真似っこ1次関数」は、

$h'(a)x+p$ ……①

のように書ける。次に、$x=b=h(a)$における$k(x)$の「真似っこ1次関数」は、

$k'(b)x+q$　……②

のように書ける。したがって、$x=a$ の近くで $h(x)$ を計算し（それは $b=h(a)$ の近くの数値になる）、次にその値を $k(x)$ に代入して計算することは、①の1次関数を計算したあと、その値を②の1次関数に代入して計算することで真似ることができるはずである。したがって、$f(x)=k(h(x))$ の $x=a$ のところでの「真似っこ1次関数」は、

$k'(b)\times(h'(a)x+p)+q$

となる。この1次関数の x の係数（傾き）だけを取り出した $k'(b)\ h'(a)$ が、求める $f(x)$ の $x=a$ における微分係数となるわけだ。これによって、$f(x)=k(h(x))$ の導関数は、

$f'(x)=k'(h(x))h'(x)$

と簡単にわかってしまう。微分公式の理解に苦しんだことのある読者には、これがいかに直感的で、操作性に富んだ方法論かわかっていただけることだろう。

第４章　自然数でのつまずき

〜人はなぜ数がわかるのか〜

幼児は数を何だと思っているか

1、2、3、……と並ぶ数を、「自然数」という。数学では、自然数に0を含める立場が一般的なので、本書ではこれに従うことにする。

さすがに、これらの自然数を知らない、という人はいないだろうが、「自然数って何?」ということを人に説明する自信がある人も少ないだろう。かくいう筆者だってそれは同じだ。

是非思い出していただきたいのは、「自分はいったいいつ、数というものを理解したのか」ということ。たぶん、記憶の中でかなりあいまいではないだろうか。正直、「気がついたらわかっていた」という感じに違いない。

自然数というのは、最も根源的であり、人間がものごとを理解することの根本に関わるものだから、難しくてアタリマエである。実際、ホワイトヘッドという有名な数学者は、次のようなことをいっている。

「魚が七匹いる、という7と、一週間が七日ある、という7が同じものだと認識した人間は大変な発見をしたのだ」

幼児は基本的に親との会話の中で「数」というものを習得していく。とりわけ、お風呂などで、「いち、に、さん……」と数詞を唱えることが最初の数とのふれあいとなるだろう。しかし、「数を唱えることができること」と「数を理解していること」とはイコールではないのである。このことは、発達心理学でのさまざまな実験で確認されている事実だ。中でも、ピアジェというスイスの心理学者の行った次のような実験が有名である。

五本の花をテーブルに等間隔に一本ずつ置く。他方、花びんに五本の花を生ける。両方を数えさせると、幼児はどちらも「5」と数える。しかし、「どちらの花の方が多い？」とたずねると、たいがいテーブルの方だと答えるのである。この場合、数詞を唱えて同じだったことよりも、花びんの花がひとまとまりになっているという「質感」の方が幼児には気になるので、花びんの花が少ないと認識するそうなのだ。

また、ピアジェはこんな実験も試みた。テーブルの上におはじきを、例えば、七つ並べる。最初は、幼児にそれを右から左に向かって数えさせる。幼児は「7」と唱えてその作業を終える。次に、今度は左から逆向きに数えさせるのだが、その際、気づかれないようにおはじきを二個ほど加えておく。当然、幼児のカウントは「9」になるが、幼児はこのことを不思議に思わないのだ。

これらは、幼児にとって、「数詞を唱えられること、すなわち数を理解していること」ではない証拠である。もしもちゃんと「数とは何か」を理解しているなら、どちらの花の数も同じだとわかるべきだし、ひと連なりのおはじきは、どちらの方向から数えても同じ数にならないとおかしいと考えるはずであろう。そうでないことこそ、「数えること」ができる幼児が必ずしも「数とは何か」を理解しているわけではない、という証拠なのである。

「次」を使って数をとらえる派

多くの人は、この「数を唱える」ことをもって「数とは何か」を教えよう、という間違いに陥りがちである。つまり、2を「1の次」、3を「2の次」という風に、「次」という見方を基礎にして数を教えようとするのだ。このような方法論は「数え主義」と呼ばれる。

多くの親や幼児教育の塾に今でもこの「数え主義」がはびこっている一方、この方法論はこどものつまずきの原因となることが、数学教育の専門家によってしばしば指摘されてきた。

典型的なのは、「数え主義」で「足し算」を教えようとするときに引き起こされる混乱である。例えば、「3＋4」を教えるとしよう。「数え主義」では、まず3を唱えさせる。そして「3の次」の「4」から順に数を唱え、同時に指を折っていかせる。4、5、6、7

と唱え、指が四本折られた瞬間、作業をストップさせる。このとき、最後に唱えた7が「3＋4」の答えとなる。しかし、このような足し算の教え方は、こどもに以下のような混乱をもたらすのである。

まず、3の「次」からカウントすることは、その理由を説明することが難しいだけでなく、こどもの間違いのもととなる。「3＋4」なのだから、どうしても「3」から数え始めたくなってしまうのが人情だからだ。3、4、5、6と唱えて、答えを6としてしまう誤りが多発することになる。

さらに、この方法から「足し算とは何であるか」を理解することはかなり難しい。あらかじめ一列に並んでいる七個のおはじきを、「3」まで唱えること、「4」まで唱えること、そして今の数え方で「7」まで唱えること、その三種類の手続きがいったい何を意味しているのか、こどもにはぜんぜんピンとこない。

この方法は発展性の上でも困難を伴う。この方法で足し算を教えると、足し算の交換法則、すなわち、「3＋4＝4＋3」がどうして成り立つのかを、こどもたちは直感的につかむことができないからである。

クロネッカーと藤沢利喜太郎

この「数え主義」は長い間日本の教科書で教えられ続けてきた。それには次のようないきさつがあった。

十九世紀の終わりにドイツに留学していた日本の数学者・藤沢利喜太郎は、クロネッカーという数学者に師事した。その間に、クロネッカーの思想である「数え主義」に大きな影響を受け、帰国後の一九〇五年（明治三八年）に、『尋常小学算術書』という国定教科書をこの思想を元にして書いた。この教科書が原典となって、日本では長い間、「数え主義」が数の教育法として支配的な役割を果たすことになったのである。

このクロネッカーという人は、整数論という分野で数学史に名を残す優秀な数学者だった。したがって、クロネッカーが「次」という考え方を基礎にする「数え主義」で自然数を理解すべきだ、と考えたのにはちゃんと理由がある。それはペアノという数学者の考案した自然数の理論を土台にすべきだと考えたからである。これは、「数学において自然数とは何であるのか」という問題を解決しようとする試みであり、数学者にとっては大変重要な問題だったのだ（ペアノの理論については、後で詳しく解説する）。

遠山啓の改革

藤沢以来、長く続いていた「数え主義」教育に立ち向かったのは、遠山啓《ひらく》という二十世紀半ばの数学者だった。

遠山は、大学で数学を研究していた人で、最初からこのような児童教育の問題に関心があったわけではなかったようだ。その遠山がこの問題に取り組むきっかけになったのは、娘さんが算数に苦しむ姿を見たことだった。一九五八年頃のことである。悩む娘さんに手を貸そうとした遠山は、彼女が算数を理解できないのは、彼女の頭が悪いせいではなく教科書がよくないからだ、と気づいた。そこで遠山は、当時の算数の教科書を注意深く分析して、「数え主義」の問題点に注目したのである。それをきっかけとして、「数え主義」とは別の数教育の方法を構築することにのめりこんでいった。

遠山が、苦心惨憺の末たどりついたのは、「集合」と「写像」を利用する方法論だった。写像とは、一対一対応のことである。

遠山は、自然数というものを、「1」、「1の次」、「1の次の次」、……という風にとらえる立場を捨て、「自然数とは、集合に共通の性質を抽出したもの」と考えることにした。図で説明しよう。

図4－1（次頁）の三つの集合は、それぞれ「ネコの集合」、「リンゴの集合」、「鉛筆の集合」である。それぞれの要素の個数は「3」だ。このような集合たちを見せて、中央に

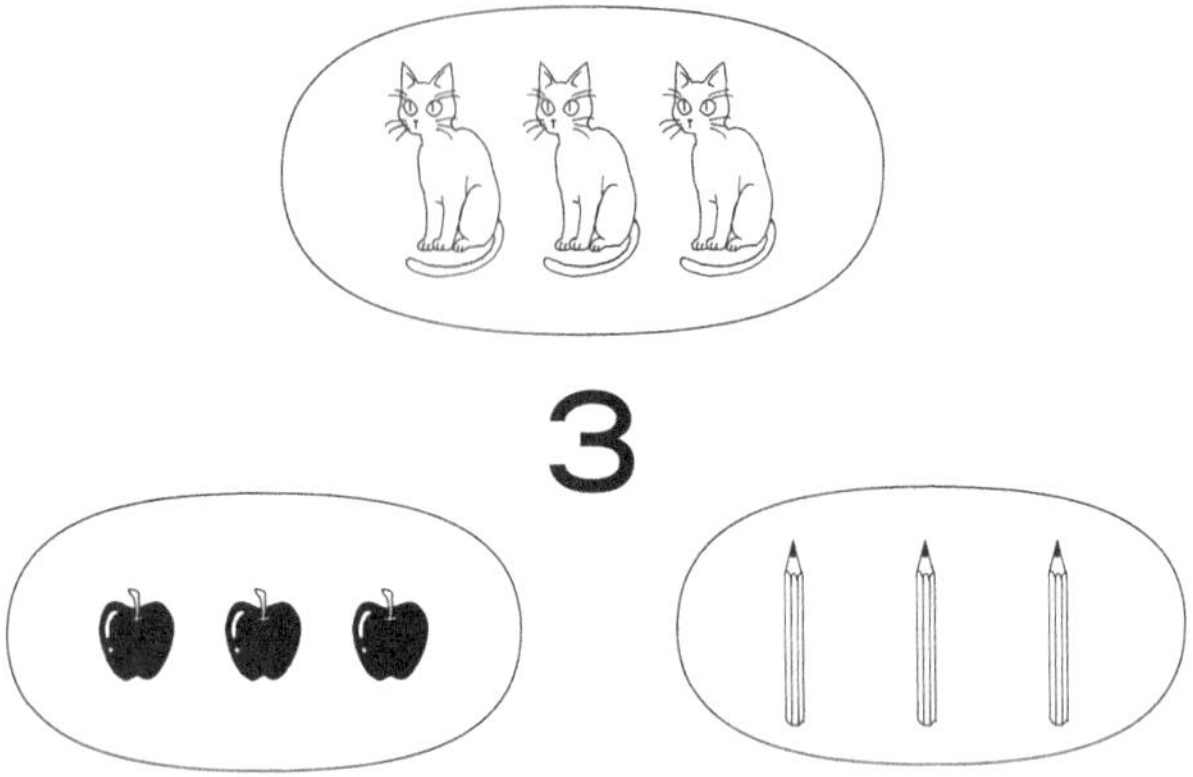

図4-1　自然数とは、集合に共通の性質を抽出したもの

書いたように、これが「3」だよ、と教えるわけである。つまり、数3が先にあって、それぞれの集合の要素の数が「3匹」と「3個」と「3本」である、と説明するのではなく、それぞれの集合をただ絵として見せて、それらに共通な性質として「数3」を理解してもらう。

具体的にこどもに教えるときは、図4－2のようにタイルを使う。つまり、どの集合においても、タイルと要素との間で両側矢印を使った一対一対応を作って、「余りも不足もないこと」を示すのである。

このように、どの集合も一度タイルと一対一対応をさせ、「一対一対応するということは、タイルと同じ数である」と理解させ、その「同じ」ということの何が同じなのか、という点について、それが「みな数が3であることだ」と

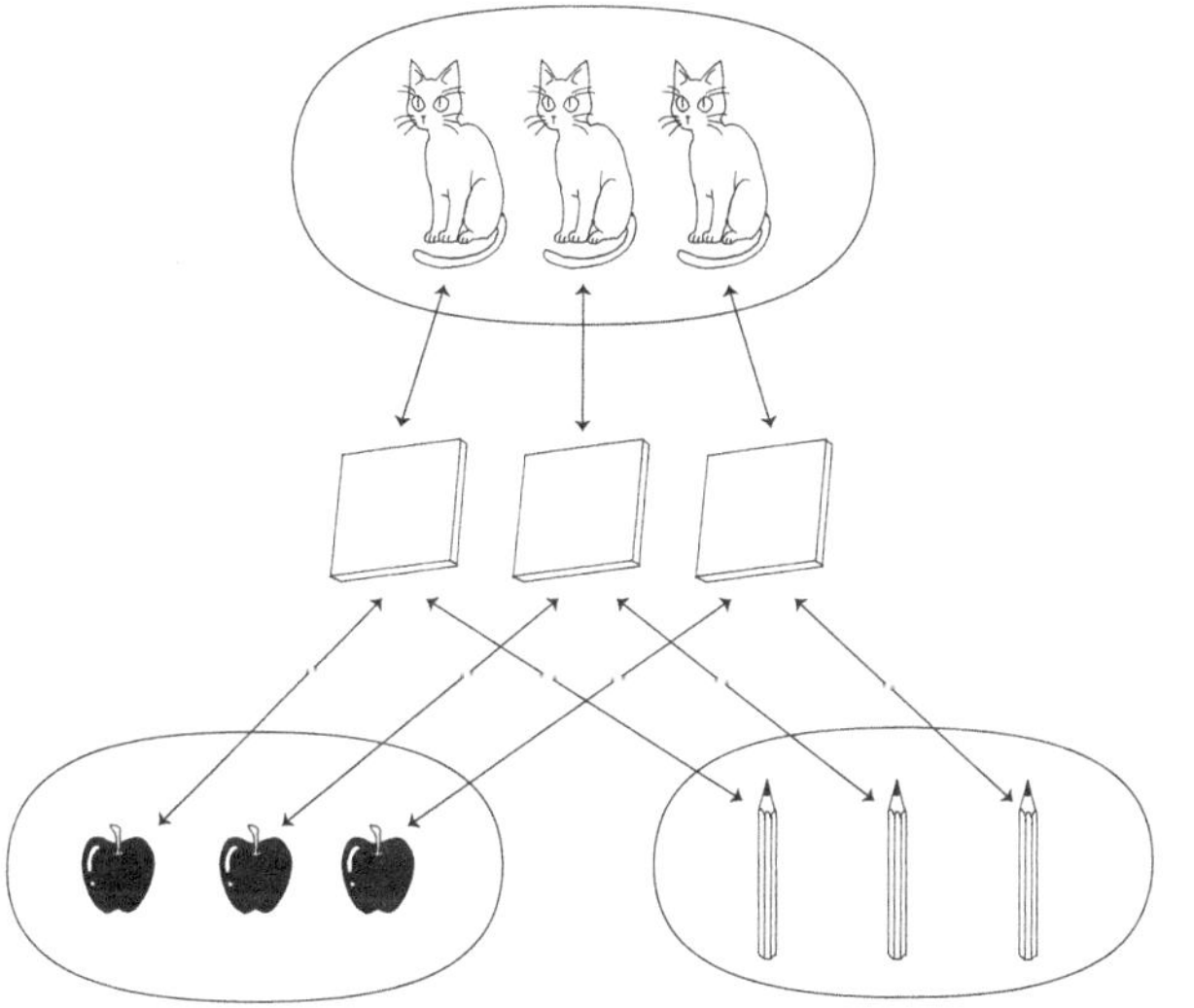

図4-2　それぞれの集合の要素をタイルと一対一対応させる

認識させるのだ（もちろん、こんな哲学的な言い方で説明するわけではなく、単に絵を示すだけである）。

タイルの集合とネコの集合は過不足なくちょうど一対一対応が成立し、リンゴの集合とも鉛筆の集合とも同様になる。ネコの集合、リンゴの集合、鉛筆の集合に何か「共通の性質」があるから、こういうことが可能となる。その「共通の性質」こそが「数３」だというわけなのである。

この方法を使えば、本章冒頭に紹介したホワイトヘッドの問題にも答えることができる。七匹の魚の集合と七つの曜日の集合に一対一対応をつくれば、それが「同じ数」であることが確認できるだろう。それは、月曜にはヒラメを食べ、火曜にはサンマを食べ、……、日曜にイワシを食べる、といった具合の具体的な一対一対応の作業からもわかる。

読者の中に、「すべて三つの要素を持つ集合を持ってきたんだから当たり前じゃないか」、と疑問を感じた人がいるかもしれない。しかし、それは本質をはずした疑問である。今の手続きのどこにも、あらかじめ「数3」の概念は含まれていないことに注意して欲しい。

実際、一対一対応を作るとき、集合の要素数を「数える」必要はない。一対一対応を作るには、各要素を線で結んでいき、過不足なく重複なく結べたかどうかを確認するだけでいいのである。「数え主義」における数を唱える作業は全く不要なのだ。

ここで見逃してならないのは、「タイルと対応させる」という無駄に見える作業をはさんでいることである。これは無駄どころか、非常に重要なプロセスなのだ。

人間が「数」のような抽象的なものを理解する場合には、このようにいったん具体性や現実性から離脱して、抽象化する作業が欠かせない。これまでの章で何度も触れたように、具体的なもの・現実的なものを扱っている限り、それが備えているもろもろの不純物（数学以外の側面）に認識がじゃまされてしまう。それらの不純物を取り去って、純粋に

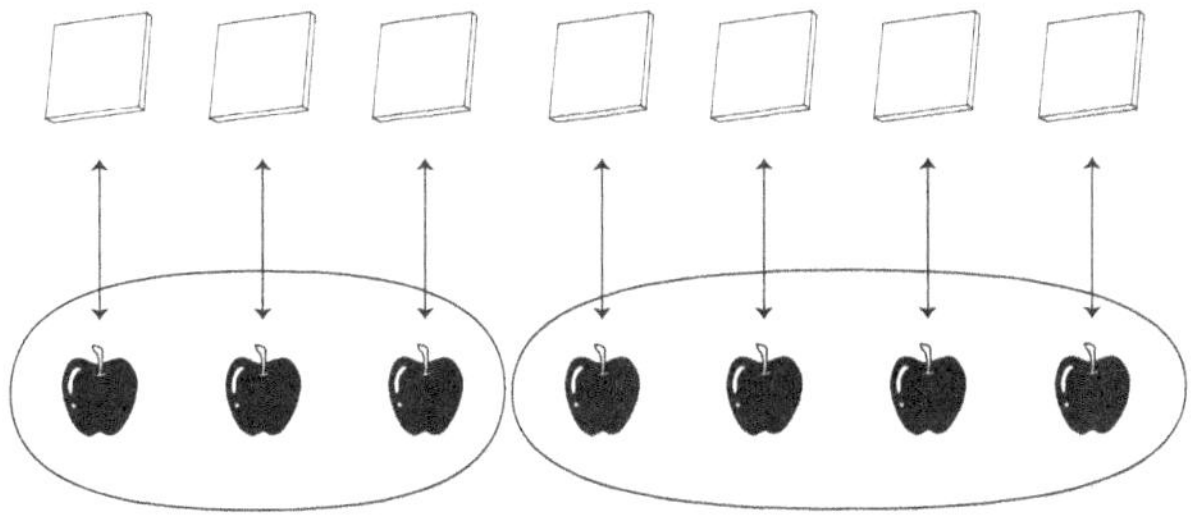

図4−3　「3＋4」の計算

一つの性質だけを取り出すには、何か抽象的なものを経由することが不可欠なのである。それが「タイル」の役割なのだ。遠山は哲学の素養を持ち、それを数学教育に存分に活用した人だった。

足し算は集合算になる

「集合」と「写像（一対一対応）」を利用して数を教えると、足し算の教育はみちがえるように楽になる。

図4−3を見てみよう。「3＋4」の計算では、「リンゴ三個の集合」と「リンゴ四個の集合」を書き、それらとタイルとの一対一対応をいったん作り、タイルたちをそのまま数えればいい。あるいは、別の七個の要素を持つ集合（例えば、七匹のネコの集合）と一対一対応を作ってもいい。これによって「3＋4＝7」が簡単に理解できる。

しかもこの方法なら、「リンゴ三個」と「鉛筆四本」などのような異質なものを使って「3＋4」を計算することも難なくできて良い。これこそが、必ずいったんタイルを経由させることの効能なのである。そして足し算の理解が、難なくできるようになった背後には、「数」というものが「実在する具体的なもの」ではなく、「無限に多くある集合たちの持っているその共通の属性を抽出したもの」だ、と理解させたことが活きている。

「3＋4＝4＋3」という交換法則もわざわざ説明するには及ばないぐらいである。図を眺めているだけで、こどもたちはみずから気づいてしまうだろう。

以上のような遠山のアイデアは、次第に日本の算数教育に浸透していき、今ではほとんど常識となっている。そして何よりすばらしかったのは、こどもたちが数やその計算を理解する苦悩から救われた、ということである。

以上の二つの流派、藤沢流と遠山流に共通しているのは、どちらにもちゃんとバックボーンとなる数学理論があったという点だった。藤沢流の「数え主義」は、前述したように、イタリアの数学者ペアノが十九世紀の終わりに発表した自然数の理論を基本としている。また、遠山の「集合算主義」は、ドイツの数学者フレーゲがペアノよりも少し早く発表していた自然数の理論を足がかりにして作られたものだった。この二つの理論はどちらも、現代の数の理論に大きな影響を与えたものなのである（この二つの理論については、ともに後の項で解説することにしよう）。

数を理解できない天才少女の話

遠山の教え方のほうが、こどもたちに数というものを理解させやすいのは、事物が本来備え持っている「数」という属性を、うまく利用するからである。事物の側に、「同数であることがわかる」という属性があり、こどもたちの側にその属性を受けとる感覚器が備わっている、それが数を理解できる原因なのだろう。だとすれば、これもまた一種のアフォーダンスである。

このことをより深く理解してもらうために、一つの実例を紹介しよう。それは、リマンサ・アビールという学習障害者の話である。彼女は、著書『13歳の冬、誰にも言えなかったこと　ある学習障害の少女の手記』で、自分が数概念を認識できない障害を持っていること、そのためにどんなに苦しんだか、そしてその苦しみをどう克服したか、その体験を告白している。

この本は、「二十五歳なのに時計も読めないわたし、電話をかけるのも、お金の計算や小切手の収支合わせをするのもやっとなら、レストランでチップを払うのも、方向や距離感をつかむのも、毎日の生活で加減乗除の計算をするのも苦手」という衝撃的な言葉から始まる。

アビールは、生まれついての学習障害を持っていた。それは、たぶん、「数認識」にまつわるものだと思われる。数の大小や加減乗除がわからない。時計が読めない。お金の勘定ができない。また、単語のスペルを覚えるのも困難である。しかし彼女は、知的障害者ではない。「数認識」以外は正常であり、むしろ普通の人より優れた才能を持ってさえいた。その証拠に彼女は、十五歳で最初の詩集を出版し、全米で話題を集め、賞を受賞し、各地で講演会を行っている。また、第二作にあたるこの『13歳の冬、誰にも言えなかったこと』は、現在の彼女の文章と少女時代の日記から成るが、どちらの文章も理路整然として論理的であり、文章を読む限り、そのような深刻な障害を負っているようには全く見えないのである。

彼女の体験は、人間の数認識の仕組みを知る上で、重要な手がかりを与えてくれる。

彼女の最初のトラブルは、小学校二年生のときに起きた。彼女は、それを以下のように書き記している。

> それは、大きなロッキング・チェアに腰掛け、腕を使って時計の形を作っている先生を囲んで座っていたときのことだ。先生は、両手を時計の針代わりにして、生徒たちに時計を読み取らせようとしたのである。ちょうど何時なのか、十五分過ぎなの

か、三十分過ぎなのかを答えさせようとしたわけだ。その授業では、頭が混乱して居心地が悪くなってしまったのを覚えている。先生の質問がさっぱりわからなかったからだ。

彼女は、時計が読めないことにこのとき気がつき、その後もずっと、そして大人になってさえも、読めないままである。興味深いのは、彼女は「数字を時刻に結びつけられない」だけでなく、「実際の時間の経過」もほとんど認識できない、という点である。そもそも「物理的な時間」を感受することができないのか、それとも、記号で抽象化して受けとることができないことから「物理的な時間」をつかめないのか、それはこの本からは読み取れない。

彼女が数の計算の困難に直面したのは、同じ小学校二年生のときで、当時のことを次のように記述している。

母が最初に引いたカードは、「5−2＝？」だった。わたしは、カードと赤い記号をじっと見た。「−」が引き算を意味していることは思い出したのだが、それ以外の意味はさっぱりわからなかった。頭の中は、真っ白になっていたのだ。わたしは一生懸

命計算しようとしたが、空っぽのファイル・キャビネットの中をさがし回っているような感じだった。(中略)

「じゃあ、ここにカードは何枚ある?」

わたしはカードを数え上げ、「五枚」と答えた。

「正解。じゃあ、ここからカードを二枚取ったら、何枚残る?」

「えーと、三枚でしょ?」

混乱しながら、わたしはもう一度、そう答えた。正直言って、わたしには母の質問がまるでわからなかった。(中略)

「5－2は、3よ。いい、はじめにカードが五枚あって、そこから二枚取ったから、残りは三枚になったの」

わたしはもう一度、母の顔をぽかんと見つめた。母の説明を聞いて、一生懸命わかろうとしたが、その言葉からは、意味がまるで読み取れなかった。論理の流れについていけなかったのだ。

ここには、「数え主義」や「集合算主義」を考える上で、とても象徴的なことがいくつも含まれている。まず、彼女は「数を唱えること」自体はできる、という点だ。彼女は、数を唱えることはできるが、しかし、「数とは何か」ということがまるでわかっていない。その感じが実に活き活きと描写されている。

次に、母親はカードという具体物を使って、数とその引き算を教えようとしているのだが、彼女はカードから「数」という属性を抜き出すことがまるでできていない。彼女にはカードはカードでしかない。五枚と枚数を答えたときは、単に暗記している数詞を唱えただけなのである。その上、「カードを取り去る」ということを抽象化したものが「引き算」という演算である、ということが全く捉えられていない。

そして最後に、これが最も注目すべき点だが、この引用文は彼女本人の少女時代の日記であり、自分が「数を認識できない」という事実を、これほど的確にきわめて論理的に描写できている。つまり、「メタ」のレベルでは、彼女は「数がわからない」ということがきちんと把握できているのである。

もう一つ、彼女が、お金にまつわる認識ができないことを告白している部分を引用しよう。これは高校生のときの日記である。

店員が「一五ドル二八セントです」と言ったので、財布を開いてみた。すると中には、二〇ドルが入っていた。それでは足りないかもしれないと思ったわたしは、時間

かせぎに、店員の言った値段をおうむ返しに繰り返した。(中略)
わたしは財布を覗き込むと、一瞬ためらってから、二〇ドルを取り出した。その瞬間、心臓が止まった感じになった。音という音は、消え失せてしまった。店員に二〇ドル札を手渡し、その反応をじっと観察していたときは、すべての動きがスローモーションにでもなったかのようだった。二〇ドルでは足りないという暗黙のサインを読み取ろうとしていたのだ。

この記述でわかることは、彼女はお札に書いてある数字はわかるが、それを「金額」という数として認識ができず、だから大小を比較できない、ということだ。もっと正確に読解するなら、金額には大小があって、代金と同じかそれより多い金額を支払えばいいことは理解できている。しかし、そのことと、お札に書いてある数字とを結びつけることができないのである。

彼女のこの体験からわかるのは、「数がわかる、ということは、頭の良し悪しと直接関係するわけではない」ということである。彼女は優れた知性を持っているが、数認識のパーツだけが機能していない、そう考えるのが正しいだろう。

この理屈を逆さまに用いるなら、こう言える。普通のこどもたちが数をわかることができるのは、「真っ白な頭」に教師によって上手に書き込まれたからでも、こどもたちが努力して理解したからでもなく、事物に備わる「数えられる」というアンフォーダンスを受理する機能が、こどもたちに生まれつき備わっているからなのである。数は、（アビールのような例外を除けば）はじめからこどもたちのなかにあるのだ。そして、それは事物の属性として現れるのである。

アビールの話の締めくくりとして、筆者の得た、かなり独善的なインプリケーシコンを書き留めておきたい。

筆者は、彼女の本を読みながら、その文体のなかに、独特の「数理性」を感じ取った。詩人であるにもかかわらず、その文章は、情緒的なものというよりはむしろ、非常に論理的なものであった。彼女の詩のほうも、修辞や韻や特殊な語感を駆使する「ことば遊び」というタイプではなく、逆に、独特な論理による「世界の描写」だ。だから筆者には、彼女の脳は普通の人とは違う形式で、「世界の数理性」を感じとっているように思えてならない。

もちろん、このような言説を否定する読者もいるだろう。数の加減乗除もできず、方程式も解けないような人間に「数理性」などあるはずがない、買いかぶりか、妄想だ、そう言うかもしれない。筆者はそのような批判に抗する理屈は全く持ち合わせていない。ただ、そういう人には、こういう風にだけ答えておきたい。

あなたは、昆虫の眼は人間とは全く異なるから、昆虫は世界の情景を見ていない、きっと、そう言うことだろう。本当にそうだろうか。筆者は、昆虫も別の方法で、世界のあるべき姿を見ていて、人間が見ている姿も、昆虫が見ている姿も、どちらも世界の発している本当の姿なのじゃないかと思う。

ペアノの自然数

藤沢流の元となったクロネッカーが拠り所にしていたペアノの理論とはどんなものであろうか。ここからしばらくは、ペアノの自然数理論について解説しよう。

ペアノは「自然数とはどういう数であるか」という問いに対して、「自然数が満たすべき性質」を提示することで答えようとした。

「自然数とはどういう数であるか」と聞かれたとき、例えば、「0、1、2、3、……のこと」と答えたとしても、「その『……』のところは何ですか」と追加質問をされるとたんに困ってしまう。答えに伏せ字のような「……」が含まれる限り、正確に答えたことにはならない。だからといって、すべてを列挙しようにも、自然数が無限にあるのでそれは不可能だ。

このような「無限にあるから列挙できない」という困難を抱えた自然数を、どう規定したらいいのだろうか。

ここで、何かの定義を与える方法は大きく言って二通りあることに注意しよう。第一は「例をあげつらねる」こと。第二は「それが満たすべき特徴を取り決める」ことだ。

例えば、「昆虫」を第一の方法で定義したいなら、具体例として「トンボ」「バッタ」「カブトムシ」……とあげつらねることになる。しかし、この方法では、なんとなくは把握できるものの、限界があることがわかる。何か特殊な虫をもってこられた場合に、それが昆虫であるかどうかと問われても、判断することが難しいからである。とりわけ、自然数のような抽象的なものは、どこまで例をあげても、その特質が浮き彫りになることはない。

そこで第二の方法が浮上する。

「昆虫が満たすべき特徴」を、「体が頭部・胸部・腹部からなり、胸部には節のある脚が三対六本と二対四枚の翅《はね》をもつ生きもの」と与えるのだ。こうすれば、見知らぬ虫を見せられても、それが昆虫かどうかは、この特徴と照らし合わせることによって判断できるようになる。

ペアノはこの第二の方法を採用し、次のように自然数の定義を与えた。

まず、「自然数」「の後者」「0」を無定義用語として採用する（無定義用語とは、第2章でも解説したが、これ以上説明できないものとして意味を問わずに用いる言葉のこと）。ペアノはこれら三つの無定義用語を基礎にして、次の五つの公理を提示した。

【ペアノの公理】

公理1　0は自然数である。

公理2　任意の自然数の後者は、また自然数である。

公理3　自然数xの後者と自然数yの後者が一致しているなら、$x=y$である。

公理4　0はどの自然数の後者でもない。

公理5　ある性質が0に対して成立し、その上、その性質を持つ任意の自然数の、その後者に対しても成立するなら、その性質はすべての自然数について成立する。

ペアノは、「これら五つの性質を備えている〝自然数〟を、私たちの知っている自然数として定義しましょう」と提案したのだ。よくよく眺めてみると、第2章で説明したMIUゲームのような構造をしていることに気がつく。

それでは、一つ一つの公理を具体的に検討してみよう。

公理1は単に、「0」が自然数に入っていることを意味しているにすぎない。公理2が自然数の具体像を与えるものである。今、公理1から「0」は自然数だから、公理2によって「0の後者」も自然数だと取り決められる。するともう一度この公理2を自然数「0の後者」に対して使って、「(0の後者)の後者」も自然数だとわかる。これを繰り返すとで、「0」、「0の後者」、「0の後者の後者」、「0の後者の後者の後者」、……とどんどん自然数が具体的に(「0」と「の後者」という無定義用語だけによって)与えられていくのである。これは、MIUゲームでM、I、Uという三つの記号だけで「ミュー語」を作っていった作業とそっくりである。

「0の後者」を「1」、「0の後者の後者」を「2」、「0の後者の後者の後者」を「3」等々と改めて書き直せば、それはわたしたちの知っている自然数となる、そうペアノは言っているのである。これは、まさに藤沢流の「数え主義」の考え方とぴったり同じだ。数え主義では、自然数を「0」、「1は0の次」、「2は0の次の次」、……のように捉えていたからだ。

公理3では、公理2で与えられた序列が途中で循環して新しい数を生み出さなくなり、有限個の自然数しか得られなくなることを防いでいる。例えば、公理2のシステムが作る数が「0、1、2、3、4、1、2、3、4、1、2、3、……」のようになっていたとすると、数「1」は「0の後者」であり、また、「4の後者」でもあるが、これは公理3から0＝4を意味するので矛盾になる。

公理4は、「0」の前に自然数がないこと、つまり「0」がスタートの数であることを意味している（マイナスの整数を自然数に入れないようにしている、と言い換えてもいい）。

数学的帰納法とはどんな原理だろうか

公理5の性質は、他の四つと比べると明らかに異質である。これがいわゆる「数学的帰納法の原理」と呼ばれるものだ。公理5の文章のままではわかりにくいので、もうちょっとわかりやすい形に書き直そう。

今、なんでもかまわないが、自然数に関する性質を（性質☆）と書くことにする。たとえば、「偶数である」を（性質☆）とするなら、「4は（性質☆）を満たす」は正しい文章で、「7は（性質☆）を満たす」は正しくない文章である。

公理5は、注目している（性質☆）が、

（仮定Ⅰ）「0は（性質☆）を満たす」が正しい
（仮定Ⅱ）任意の自然数kに対して「kが（性質☆）を満たすならば、kの後者も（性質☆）を満たす」が正しい

という二つの仮定を満たすならば、

（結論）「すべての自然数は（性質☆）を満たす」が正しい

が成立する、ということを述べている。つまり、何か注目している（性質☆）に対して、自然数すべてがその（性質☆）を満たすことを示すためには、（仮定Ⅰ）と（仮定Ⅱ）をチェックするだけでいい、これを「数学的帰納法の原理」と言い、ペアノはこれを公理5として要請したのだ。

加法の交換法則の証明

ペアノは、自然数を上記の五つの性質をすべて満たす集合として定義した。そして、この定義を土台にして、自然数に四則計算や大小関係を定義したのである。

例えば、自然数の足し算は次のように定義される。

「k足す0」は「k自身」、「k足す1」は「kの後者」、「k足す2」は「kの後者の後者」、一般的には、「k足すm」は「kのm個分の後者」という風に定義しよう。このように定義された足し算については、

加法の交換法則　(m足すn)＝(n足すm)

は全くもって明らかではない。この式は、「mのn個分の後者＝nのm個分の後者」ということを意味しており、これが正しいかどうかは定義だけからすぐにはわからない（このことが、「数え主義」の問題の一つであった）。そこでペアノは、五つの公理、とりわけ数学的帰納法の原理によって、これを証明したのである。

ここでは、$n=1$のとき、つまり、

(m足す1)＝(1足すm)

についてだけ、その証明を追ってみることにする（数学的帰納法がよく飲み込めない人は、いったん飛ばして、このあとの説明を読んだあと、また戻ってくるほうがいいだろう）。定義に戻すなら、

mの後者＝1のm個分の後者　……①

ということを示すことである。

今、このmについての性質①を（性質☆）と設定しよう。この（性質☆）がすべての自然数mに対して正しいことを確かめるには、さきほどの（仮定Ⅰ）と（仮定Ⅱ）を確認してみればいい。それが公理5の内容だからである。

まず（仮定Ⅰ）は、0が（性質☆）を満たすことの確認だ。つまり、「0の後者＝1の0個分の後者」ということを示したい。これは、「1の0個分の後者」が、定義から「1自身」であり、これは「0の後者」であるから、これで（仮定Ⅰ）は確かめられた。

次に（仮定Ⅱ）が成り立つことを確かめよう。それには、任意のkについて、

　kの後者＝1のk個分の後者　……②

から

　（kの後者）の後者＝1の（k＋1）個分の後者　……③

が導ければいい。これも難しくはない。②を前提としていいのだから、②の両辺の「後者」を作ることによって、「kの後者の後者」＝「（1のk個分の後者）の後者」が導ける。ところで「1の（k＋1）個分の後者」とはまさに「（1のk個分の後者）の後者」を意味しているから、③が導かれた。つまり、（仮定Ⅱ）が正しいことがわかったことになる。

以上、（仮定Ⅰ）と（仮定Ⅱ）がともに確認されたので、すべての自然数mについて「m足す1＝1足すm」が証明されたことになる。

一般の交換法則は、この作業をコツコツと、多重に積み重ねて証明される。これは、ペアノの公理系で「加法の交換法則」がいかに直感的でないか、ということの表れであり、「数え主義」ではこどもにこの法則を実感させることのできない証拠でもある。

神秘的？　それとも当たり前？

この「数学的帰納法の原理」は、ペアノが思いついたわけではなく、古くから証明に用いられていたものだった。ラッセルというイギリスの数学者・哲学者は、この原理について次のように述べている。

昔は、証明の中に使われる数学的帰納法を、何か神秘的なもののように考えていた。もちろんこの方法の妥当性について、合理的な疑問を提出した者も、またなぜそれが妥当であるかを知っていた者もなかったようであった。ある者は、それを論理学における帰納法の一つの例であると考えていたし、ポアンカレーでさえも、それは無限回の三段論法を一回の結論にまとめる重要な原理であると考えていた。

この文章でわかるのは、数学的帰納法の原理は、(第3章で解説した「魔法の算術」としての微分のように）多くの数学者が正しい原理であると信じて使ってきたということだ。しかし、「なぜ正しいのか」、「他の原理から証明できないのか」、「証明するまでもなく当たり前のことなのか」、それらに答えた数学者はいなかったのである。

ある意味で、この疑問に決定的な答えを出したのがペアノだ、ということになるだろう。つまりペアノは、数学者たちが疑うことなく経験的に使ってきたこの原理こそが、まさに「自然数の正体そのもの」である、としたわけなのだ。

この原理は、大胆にいえば、「注目している性質を無限個全部の自然数に届けるための条件」を与えているものといえよう。しかも、「その無限がどのようなタイプの無限か」ということへの答えにもなっている（無限にも種類があることは第５章で解説する）。

妖怪の問題

数学的帰納法の構造とその奥行きを知っていただくために、一風変わった応用問題を紹介しよう。

問題　今ここに、妖怪たちがいる。妖怪たちには階級があり、一番偉い妖怪、二番目に偉い妖怪、三番目に偉い妖怪、……という具合に階級が決まっているとする。任意の有限匹の妖怪たちが集団を作った場合、その中の一番偉い妖怪がその集団の帝王となると決まっている。このとき、二番目に偉い妖怪だけは、帝王を倒して自分が帝王になる権利を持っていて、倒すことも倒さないことも自ら選択することができるとする。この二番目に偉い妖怪が帝王を倒すのは、帝王を倒して自分が帝王になった際に二番目に昇格する妖怪に自分が倒されない場合に限り、そうでないなら帝王を倒さないものとしよう。さて、今、百一匹の妖怪が集団を作っているとき、帝王は倒されるだろうか、倒されないだろうか。

非常にシンプルな問題だが、ちょっと時間をかけて考えてみれば、これがなかなか手強い問題であることを実感できるだろう。

百一匹の中で一番偉い妖怪Aが帝王になっているとする。このとき、次に偉い妖怪BにはAを倒す権利がある。この妖怪Bが帝王Aを倒すと、今度は百匹の中で一番偉いBが帝王になるわけだが、問題はこのとき二番目に偉い妖怪に昇格したC（最初の集団では三番目に偉かった妖怪）に自分が倒されるかどうかだ。ではこのCがBを倒すかどうかはどのようにすればわかるだろうか。それは、Cが帝王になったとき倒されるかどうかに依存している。このように後ろ向きに推論していくと、途中で頭がついて行かなくなってしまうに違いない。

正しい方針は、百一匹の集団から戻るのではなく、少ない集団の方から推論を積み上げていくことである。

まず、一匹から成る集団を考えよう。このときは、その一匹の妖怪が帝王であり、二番目の妖怪がいないので帝王は倒されない。次に二匹の妖怪から成る集団を考える。妖怪をAとBとし、Aの方が偉くて帝王になっているとしよう。このときBはAを倒すだろうか。そう、倒すのである。なぜなら、Aを倒して自分が帝王になったとき、集団は一匹になるので自分はもう倒されず帝王のままだから。

さて、次はA、B、Cの三匹の妖怪から成る集団を考えよう。偉い順をA、B、Cとすれば、Aが帝王でBには倒す権利がある。果たしてBはAを倒すだろうか。もしもBがAを倒すと、残りはBとCの二匹の集団になる。このときは、さっき議論したように、Bは倒されることになる。したがって、それを知っているBはAを倒さない。つまり、三匹の集団では帝王は倒されないのである。

ここまで来れば誰でも、「同じ論法が続くのだろうな」と容易に想像できるはずだ。そして、

「妖怪の数が奇数のときに帝王は倒されず、偶数のときに倒される」……（☆）

が正解であろうと予測できる。しかし、今の論法を積み上げていくことは百一匹までも相当辛く、すべての自然数については不可能であることがわかる。そういうときこそ、数学的帰納法の出番なのである。やってみよう。

次の（a）（b）の二条件を確認すればいい。まず、

条件（a）　$k=1$ のとき（☆）は正しい

はすでに述べたので省略。次に、

条件（b）「妖怪の数が k 匹のとき（☆）は正しい」という仮定の下で「妖怪の数が $k+1$ 匹のとき（☆）は正しい」

を示そう。

実際、$k+1$ が偶数なら k は奇数で、二番目に偉い妖怪が帝王を倒すと妖怪の数は k 匹となり、「妖怪の数が k 匹のとき（☆）は正しい」という仮定から、次の帝王は倒されない。したがって、二番目の妖怪は帝王を倒す。逆に $k+1$ が奇数なら k は偶数だから、二

番目に偉い妖怪が帝王を倒すと「妖怪の数がk匹のとき（☆）は正しい」という仮定により、次の帝王は倒されるから、二番目の妖怪は帝王を倒さない。つまり、「$k+1$が偶数なら帝王は倒され、奇数なら倒されない」となって、「妖怪の数が$k+1$匹のとき（☆）は正しい」、つまり、条件（b）が示された。

これで、数学的帰納法の原理により、1以上のすべての自然数について（☆）が示されたことになるのだ。ちなみに百一匹のときは「倒されない」が正解である。

無限のマトリョーシカ

さて、百一匹から戻ってくる推論にしても、一匹から積み上げていく推論にしても、具体的に実行してみるとその推論がなんだか「複層的な構造」をしているような気分がしてくることだろう。つまり、一匹のときの推論は単純なものだが、二匹のときの推論では一匹のときの推論が下敷きにされており、三匹のときの推論では二匹のときの推論、それゆえ一匹のときの推論までも下敷きにされている。実際、百一匹の集団で帝王が倒されない原因は、一匹の集団で帝王が倒されないことが遠く遠く影響してきてのことといえるのだ。

ロシアの民芸品のマトリョーシカというのがある。こけしのような人形の中にちょっと小さい人形が入っていて、またその中にも人形が入っていて、と次々小さい人形が出てくるものだ。この問題は言ってみれば、百一重のマトリョーシカのような構造をしているのである。

そして、実はこの「複層構造」というのが、「自然数の秘密」なのである。大胆な言い方をするなら、数学的帰納法を備える自然数という数集合の本性とは、「無限のマトリョーシカ」なのだ。そのことは、章を改め、次の最終章で解説しよう。

第5章

数と無限の深淵

～デデキントとフォン・ノイマンの自然数～

「自然数」は数学者にも難しい

前章では、数教育の二つの流儀、「数え主義」と「集合算主義」を紹介した。そして、「数え主義」がバックボーンとするペアノの「自然数の公理系」について、とりわけ「数学的帰納法の原理」との関係の中で解説した。

言ってしまえば前章は、こどもたちの中での自然数認識の生成過程と、そこで起きがちな混乱を論じた章だと言える。しかし、混乱するのは、こどもたちだけではない。「自然数とは何か」という問いに答えを出すために、数学者の側にも、紆余曲折と悪戦苦闘の歴史があり、それは今も続いているのである。

そもそも、「自然数」、「文字式（記号概念）」、「論理」といったものが何であるかを、数学で形式化するのはとても困難な作業である。それは、これまでお話ししてきたように、それらが人間に本来的に備わり、自然に萌芽するものであるからだ。気がつくと認識の中で使ってしまっているものだからだ。そのようなものが原理的にいったい何であるか、ということを、頭の中から取り出して客観的に捉えるのが難しいのは当然である。逆に言えば、数学における苦闘の歴史は、それらがわたしたちのなかに「本来的に備わっている」ことの証拠である、と言うこともできるだろう。

少なからぬ読者はうすうすお気づきのことと思うが、この「自然数」、「文字式（記号概念）」、「論理」といった概念が持つ困難の背景には、「無限」が関わっている。これらを形式化しようとすると、どうしても、「無限」というものに抵触せざるを得ないのだ。しかし、「無限」というものは、有限の人生の人間には決して「経験」できないものであり、思念の中だけに存在するものである。だから、「無限」というものが関わるこれらの概念を、「要するにこういうものです」、と簡単に説明しえないのである。

しかし、このことは、人間にとっての希望の光でもある。「無限」がわたしたちの中に本来的に備わっていることの証拠と言ってもいいからだ。わたしたちには、そしてこどもたちには、自分が決して具体的に到達することができない「無限」というものがインストールされている、ということなのである。

そこで最後のこの章では、数学者たちの「自然数」と「無限」との悪戦苦闘の歴史を紹介し、わたしたちの中に不可避的に備わっている「無限」というものをあぶり出してみたいと思う。

ラッセルの批判

「自然数とは何か」という問いに対する解答は、このペアノの与えた公理系によって、いったんは解決を見たように思われたのだが、残念ながらそうではなかった。このペアノ流の自然数の定義をよくよく検討したラッセルが、この定義の持っている「不完全さ」を発見したからである。

ラッセルの主張を、かいつまんでみよう。

確かに五つの取り決めは、すべて、わたしたちが知っている自然数0、1、2、3、……が備えている性質である。けれども実は、自然数でない数の集合でも、この性質を備えているものが存在する。したがって、この五つの取り決めで、自然数でないものをほとんど排除することはできるけれど、完全に一つの集合が特定されるわけではない。

ラッセルが、ペアノの五つの取り決めをすべて満たすが「自然数全体」とは異なる数、の具体例としてあげたのは以下のようなものだった。

(α) 100、101、102、103、……

(β) 0、2、4、6、8、……

(γ) 1、$\frac{1}{2}$、$\frac{1}{4}$、$\frac{1}{8}$、……

これらはすべて、さきほどのペアノの定義における「0」や「の後者」ということばに、別の特殊な解釈を与えたものである。

(α) では、「0」を「100」と解釈している。(β) では、「の後者」を「次の偶数」としている。(γ) では、「0」を「1」と解釈し、「の後者」を「2分の1を掛けたもの」とする。これらは、解釈が違うだけであり、ペアノの公理1〜4を満たすのは、ほとんど明らかである。最後の公理5「数学的帰納法の原理」についても、適切に記号の一対一対応を行えば、どれでも成立していることが確かめられる(ペアノの自然数で成り立つなら、解釈を変えることで、これらの公理系でも成り立つ、ということ)。

このように、(α) や (β) や (γ) は、「0」や「の後者」についての解釈が違うだけで、数学的には完全に五つの公理を満たすものなのである。したがって、もしも「ペアノの公理」が、「自然数全体」を特定するものだというなら、(α) も (β) も (γ) もすべて「自然数全体」だと認めることになってしまう。つまり、自然数は一種類ではないことになる。

フレーゲの自然数

そこでラッセルは、別の方法で自然数を定義することを試みた。それは、前章で触れたゴットロープ・フレーゲというドイツの哲学者・数学者が、ペアノより少し前に発表していた「自然数の定義法」(前章で遠山の「集合算主義」のバックボーンとされたもの)を発展させたものだった。

フレーゲのアイデアは、すでに紹介したように「集合論」を使うものだった。「集合論」というのは、ドイツの数学者ゲオルグ・カントールが考え出したものだ。基礎となる「一対一対応原理」は、次のようなものである。

【一対一対応原理】集合Aと集合Bがあるとき、AとBの間に一対一の対応をつくれるならば、Aの要素の個数とBの要素の個数は同じである。

この原理は以下の例を考えればすぐに納得できるだろう。

例えば、クラスの女子の人数と男子の人数が同じかどうかを知りたいとしよう。このときは、女子と男子に手をつながせてどんどんペアを作っていけばいい(手をつないでいることが一対一対応である)。もしも、余ってしまった女子も男子もいなければ、男子と女子の人数が同じだとわかる。

あるいは、皿とスプーンの数が同じかどうかを調べるには、一つの皿に一つのスプーンを載せていって、どちらかが余るかどうかを見る。もしも、どちらにも余りが出ないなら、皿とスプーンは同じ数だとわかる。

この原理のよいところは、「集合Aと集合Bにそれぞれ何個の要素があるかを知らなくとも、同数であることだけは確かめられる。つまり、事前に数概念が用意されていなくても同数ということは調べられる」という点だ。実際、クラスの男女が同数であることが、人数を具体的に数えずにわかった。

「分類」作業の一般化

フレーゲは、この「一対一対応原理」を利用して、次のような方法で自然数という数の集まりを決定した。ここでは非常に抽象的な作業を行うので理解に苦労すると思うががんばって読みつないでほしい。まず、「集合の類別」ということを知らなければならないので、これを解説しておこう。

集合が一個与えられ、そこに属する要素たちに何らかの関係性が与えられているとしよう。例えば、集合Aを国際会議に出席している出席者の集まりとし、出席者xとyが「同じ国の人」である場合に、「$x\sim y$」と記すことにする。このように、二つの要素に「関係があるか」「関係がないか」が完全に定まっているものを「二項関係」という。二項関係「同じ国の人である」が、以下の三つの性質を持つのはほとんど明らかである。

（Ⅰ）　$x \sim x$

（Ⅱ）　$x \sim y$ ならば $y \sim x$

（Ⅲ）　（$x \sim y$ かつ $y \sim z$）ならば $x \sim z$

最後の（Ⅲ）だけ解説するなら、これは「xとyが同じ国の人で、yとzが同じ国の人なら、xとzも同じ国の人である」ということを意味しており、これが常に正しいことは確認するまでもないだろう。

二項関係「$\sim$」が、上記の（Ⅰ）（Ⅱ）（Ⅲ）を持つとき、それは「同値関係」と呼ばれる。そして、同値関係であるような二項関係「$\sim$」が与えられたなら、集合は重なりがないようにグループ分けされる。今の例でいうなら、集合Aに属する人たちが、「アメリカ人の集合」、「フランス人の集合」、「イラク人の集合」、「カメルーン人の集合」、……のように分類されていくわけである。これらのグループ（部分集合）を「同値類」と呼ぶ。同値類は、以下のように構成していけばいい。

まず、集合Aから任意の要素xを選ぶ。次に、要素xと「$x \sim a$」となるようなすべての要素aを集めてグループA_1を作る（（Ⅰ）から、このグループには当然要素xが含まれる)。例えばxがアメリカ人なら、アメリカ人全員がこのグループA_1におさまる。次に、今のグループに含まれない集合Aの要素があれば、それらの中から任意の要素yを選ぶ。そして、要素yと「$y \sim b$」となるようなすべての要素bを集めてグループA_2を作る。例えばyが日本人ならA_2は日本人の全体となる。ちなみにここで、A_2の任意の要素bがすでに作られた最初のグループA_1の要素と重なることがありえないのは、(II)(III)が保証してくれる。以下同様の作業を続けていけば、自然に同値類たちA_1、A_2、A_3……がすべて構成され、集合Aの全要素がどれか一つだけの同値類に属するようになるのである。同値類を作ることは、わたしたちが普段、「分類」と呼んでいる作業を抽象化したものだ。

自然数とは「集合の集合」である!

フレーゲの自然数の理論は、「集合の集合」に対して同値類を作ることによって構築される。

まず、集合をすべて集めて集合を作ろう。「集合の集合」というのは読者に言葉の混乱をもたらすかもしれないので、集合とは区別して、「族」という言葉を使う。つまり、具体的なモノを集めたものが集合であり、集合を集めたものが「族」なのである。もちろん、「族」も集合の一種には違いない。すべての集合を集めた族をΓ(ガンマ)と記すことにする。

次に、族Γに属する要素（これは集合なのだが）に二項関係「〜」を以下のように導入する。

族Γに属する集合AとBに対して、AとBに一対一対応を作れるとき、記号では「A〜B」と書こう。このとき、以下の三つの性質はすぐに確かめられる。

（Ⅰ）A〜A
（Ⅱ）A〜BならばB〜A
（Ⅲ）（A〜BかつB〜C）ならばA〜C

（Ⅰ）と（Ⅱ）は定義の仕方からほとんど明らか。（Ⅲ）は、図5－1をよくよく眺めると「なるほど」と思うはずだ。ネコとリンゴに一対一対応が作れて、リンゴと鉛筆に一対一対応が作れるなら、リンゴを中継点にして、ネコと鉛筆に一対一対応が作れる（具体的には、第3章で解説したような「合成関数」を使って対応させればいい）。

これで、「一対一対応が作れる」という二項関係「〜」が同値関係の一種であることがわかった。したがって、族Γは、この同値関係によって、同値類に分類される。

フレーゲはこのような「族Γを同値関係によってグループ分けして作った同値類」それぞれを自然数と見なせばいい、そう提案したのである。一部の読者には、くどいだけかもしれないが、念のため具体的に説明しよう。

まず、「数0」は「何も要素を持たない集合」＝「空集合」となる。これと一対一対応できる集合は他にないから、「数0」は空集合だけを要素に持つ族となる。

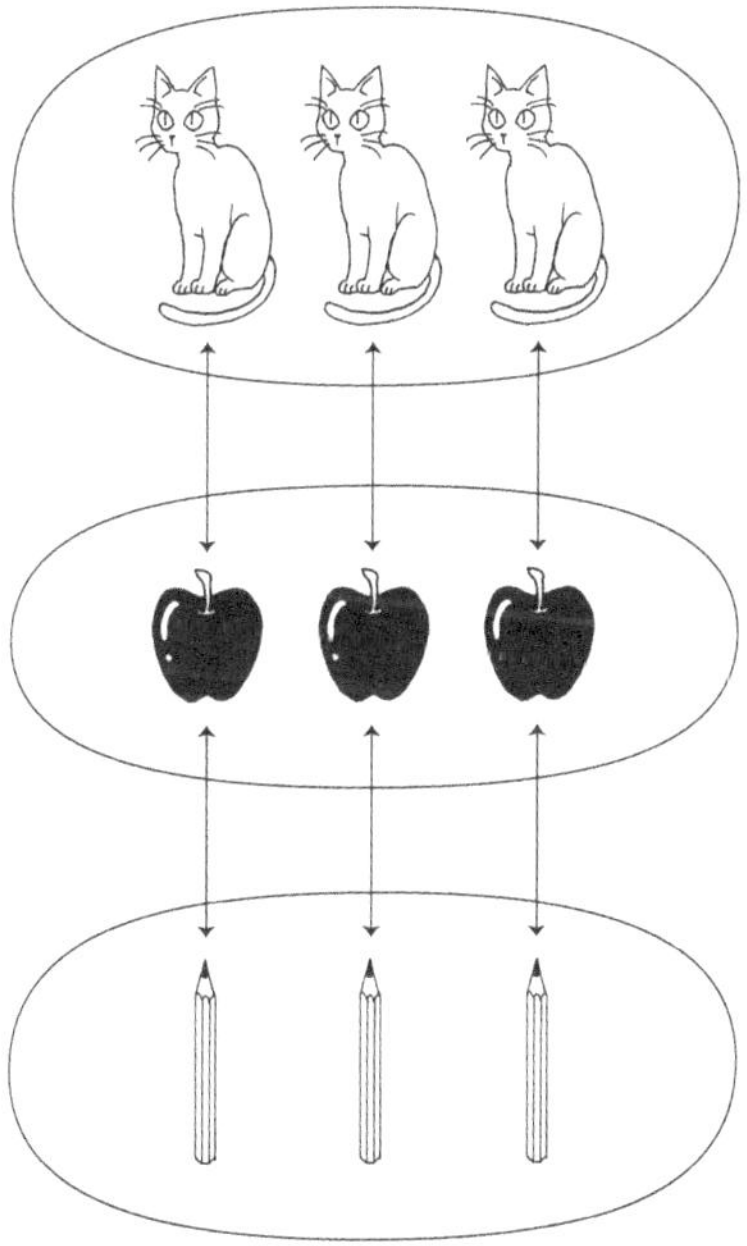

図5-1

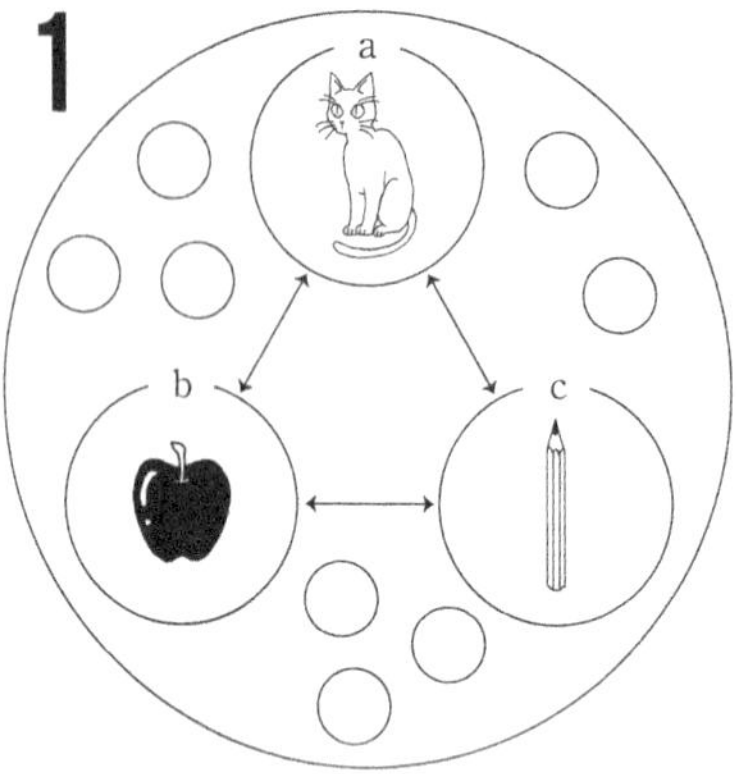

図5−2　数1＝要素が1個からなるすべての集合の族

次に「数1」を考える。今、「ネコaの集合」と「リンゴbの集合」と「鉛筆cの集合」……には図5－2のように、すべて一対一対応が可能だ。このような集合たちがすべて集まった族が一つの同値類であり、それが「数1」なのである。

同じように「数3」を理解するには、図5－1をもう一度見ていただければいいだろう。

フレーゲの自然数は、このようにとても抽象的なものであったが、遠山はこれを児童教育にみごとに転用した。このことからも、遠山という人がいかに深く数学を勉強し、また、いかに真剣に教育の方法を模索した人かがわかる。「こどもに数学をどう教えるか」というのは、本当は非常に難しいことであり、そこには哲学や歴史学などの幅広い知識と数学についての本質的な思索が必要なのだ。

何かの分野で名声を得た人は、えてして教育のことを語りたがるが、その多くは個人の特別な体験の域を出ず、かえって有害な場合が多い。日本の最近の教育行政の迷走は、このような無責任で思慮の浅い「著名人」の提言の引き起こしたものだといわざるを得ない。

こどもに数学を教える方法を考えることは、数学の研究そのものに匹敵するくらい難しく、また、深い研究が必要であり、誇り高い仕事だ。こどもたちが必要とするのは、ある芸には秀でているが哲学も思想も人間認識もないような「著名人」などではなく、遠山のような総合的な知識と哲学と創造力を兼ね備えた専門家なのである。

ラッセル&フレーゲの自然数

フレーゲの自然数は、まだこのままの形では不完全である。すべての集合の族Γを一対一対応で分類すると、その中には「自然数でない」同値類が無数に入ってしまう（例えば、$0 \leqq x \leqq 1$をみたす実数xの集合を表すものなど）。

そこでラッセルは、「自然数全体」だけをうまく取り出せるように以下のような手続きを定義した。

まず「空集合と同値関係にある集合の族」を「数0」とみなそう。ここまでは同じである。次に、何でもいいから要素pを持ってきて、空集合にpを加えて集合$\{p\}$を作る。この集合と同値関係にある要素の族を「数1」とする。さらに、何でもいいからpではない要素qを持ってきて集合$\{p\}$に加えて集合$\{p, q\}$を作る。これと同値関係にある要素の族を「数2」と見なす。以下同様（実際は、「以下同様」という言葉を避けるために、ラッセルはこの作業と同じことを意味する非常に込み入った手続きを行っているが、抽象的でわかりにくいので、ここでは割愛する）。

ラッセルはこのような方法で、「自然数全体」を「唯一」の存在物になるように定義した。さらには、ペアノの五つの公理をすべて証明してみせたのである。つまり、このラッセル&フレーゲの自然数では、ペアノの五つの公理が、すべて「定理」となったのだ。これで、ペアノの公理をすべて満たし、存在が唯一であるような自然数がみつかった。

ラッセルのパラドックス

ラッセル&フレーゲの自然数は、このように、とても画期的な仕事だった。ところが、この方法論が実は、深刻な矛盾を抱えていることを、他ならぬラッセル自身が発見してしまったのだから皮肉なことである。

それは「すべての集合を集めた族」という概念が、深刻な矛盾をはらんでいる、という発見だった。ラッセルは次のようなみごとなパラドックスを提示することでそれを示した。

すべての集合を集めた族Γに入っている集合たちを二つのタイプに分けよう。集合Xが第1種であるとは、XがX自身を要素に持つものだ。例えば、Γはすべての集合を集めているのでΓ自身も含んでいるから第1種である。また、「二十字以内の日本語で定義できる集合の集合」Mも第1種だ。なぜなら、M自身も「　」内のように二十字で定義されているからである。次に集合Xが第2種とは、XがX自身を要素として持たないときとする。例えば、「ネコの集合」や「自然数の集合」など通常の集合はこちらに分類される。すべての集合は、この第1種か第2種のどちらか一方のみに分類されることは明らかだ。しかし、ここに矛盾が生じるのである。

今、第2種の集合をすべて集めて族Λ（ラムダ）を作る。Λも集合ばかりを集めた「集合の集合」である。このとき、このΛは第1種だろうか、それとも第2種だろうか。

まず、第1種だと仮定してみよう。第1種の定義から、ΛはΛ自身を要素として持っていなければならない。しかし、Λは第2種の集合ばかり集めたのだから、族Λに要素として含まれるΛ自身は第2種のはずである。これは最初の「第1種」という仮定に矛盾している。

では、Λは第2種だろうか。もしそうだとすると、族Λは第2種ばかりすべて集めてできるので、当然Λを要素として持つ。しかしこれは、ΛがΛを要素として含むのでΛが第

1種ということになってしまって矛盾だ。

まとめると、Λは第1種としても第2種としても矛盾が起きる、ということになる。つまり、論理的な破綻が起きているのである。

ラッセルはこのパラドックスを次のようなわかりやすい比喩で説明している。

「ある村に一人だけ床屋がいる。この床屋は、村人のうち、自分でヒゲを剃らない人たち全員のヒゲを剃り、他の人のヒゲは剃らない。さて床屋は自分のヒゲを剃るか剃らないか」

剃るとしても剃らないとしても矛盾が起きる。

このパラドックスから、「すべての集合の集合」というようなものは矛盾を持った概念であり、あまりに大きな集まりを集合として一括りに扱うのは危険である、ということがわかった。ということは、「フレーゲ&ラッセルの自然数」もまた、危機に直面したことになる。

このパラドックスは、ラッセルがフレーゲに宛てて書いた手紙の中で指摘した。フレーゲはこれを素直に認め、自分の追求してきた論理学が基盤から揺らいでいることを知った。彼は今までの自分の仕事が徒労だったのではないか、と思い、ひどく落胆したという。自分の作り上げた理論が、自分の発見によって危機にさらされるのは、第1章で紹介したピタゴラスの悲劇にも似たものであったろう。

悪魔の頭脳の持ち主

このように、ペアノの自然数を批判したラッセルが、フレーゲの方法を使って組み上げた自然数の理論もまた、論理矛盾を持つことがわかってしまった。しかし、このラッセル&フレーゲの方法を改修して、現代によみがえらせる仕事をした人がいる。それはフォン・ノイマンという数学者だった。

フォン・ノイマンは、ハンガリー生まれの数学者で、二十世紀前半に活躍した人だ。あまりに広い分野にわたる業績や、ものごとを理解する速さから、「悪魔の頭脳」というあだ名がついているほどの天才である。ノイマンにはたくさんの業績があるが、現代に最も大きな影響を与えた業績は、コンピュータの発明だろう。

ノイマンは第二次世界大戦下の一九四二年にアメリカで着手されたマンハッタン計画に参加し、原爆の製作に携わった。そのとき、プルトニウムの核分裂に関する膨大な計算が必要になり、それを実行させる自動計算機としてコンピュータを発明したのである。発明後に彼は、「これで世界で二番目に速く計算するヤツができた」という冗談を言って笑ったそうだ。一番目はノイマン自身、というジョークなのは言うまでもない。

現代のコンピュータはウィンドウズもマッキントッシュもリナックスも基本的にこのノイマンの設計したタイプなので、みんな「ノイマン型」と呼ばれる。ノイマン型でないコンピュータは、人類にとってまだ夢の段階でしかない。

便利な集合の記号を知ろう

これまでは、集合を扱うとき、集合についての二項関係や演算は、読みやすさを優先して「言葉」で書いてきた。しかし、フォン・ノイマンの自然数や、そのあとに出てくる無限集合論を理解するには、集合についての二項関係の記号や演算記号を知っておくほうが理解しやすくなるので、ここでは遠回りになるが、詳しく書いておこう。

集合そのものの表し方は二種類ある。例えば、「色の三原色」は、「赤」、「青」、「黄」だが、「色の三原色の集合C」を作った場合、これらの「赤」、「青」、「黄」をそれぞれ「集合Cの要素」という。集合Cを書き表すには、具体的にすべての要素を列挙して、

C＝{赤，青，黄}

とする方法と、どういう性質のモノを集めているか、ということを表記して、

C＝{x|xは三原色の色}

とする方法がある。仕切り「|」の左側のxは「集めるモノ」を表す記号で、右側の「x

は三原色の色」という文章は、「集めるモノが満たすべき性質」を意味している。

次に、「集合Aがyを要素として持つ」ということを、簡単に「y∈A」と表す。例えば、先ほどの三原色の集合の例でいうなら、「青∈C」だ。あるいは、「プロスポーツの集合」をSとするなら、「野球∈S」や「サッカー∈S」となる。

さらに、「集合Aのすべての要素が集合Bの要素でもある」とき、AをBの「部分集合」と呼び、このことを記号で「A⊆B」と書く。例えば、集合Hが「人間の集合」で、集合Wが「女性の集合」の場合、WはHの部分集合なので、「W⊆H」と表せるわけである。

以上は、集合と要素の関係や集合と集合の関係を表す記号である。次に、二つの集合から別の集合を作り出す演算記号を定義しよう。

集合Aと集合Bの共通の要素を集めて作った新たな集合を「AとBの共通部分」と呼び、「A∩B」と書く。例えば、Pを「偶数の集合」、Qを「3の倍数の集合」とするなら、「P∩Q」は「偶数であり、しかも、3の倍数でもある数の集まり」を意味するから、結局のところ、「6の倍数の集合」となる。記号で書けば、

P∩Q＝{x|xは6の倍数}

である。また、集合Aと集合Bのどちらか一方のあるいは両方の要素であるものを集めて作った集合を、「AとBの和集合」と呼び、「A∪B」と書く。例えば、

A＝{赤，青}，B＝{黄，青}

ならば、

A∪B＝{赤，黄，青}

となる。

「空集合」は（すでに出てきたのだが）、「一個も要素を持っていないような集合」のこと。記号では、{ }、あるいは、ϕ（ファイ）と書く。例えば、Aを「偶数の集合」、Bを「奇数の集合」とするなら、AとBに共通の要素はないので、AとBの共通部分は空集合になる。すなわち、

A∩B＝{ }

または、

A∩B＝ϕ

と書ける。

ノイマンの自然数

では、フォン・ノイマンの自然数を解説しよう。それは、以下のような方法で定義される。フォン・ノイマンの自然数も、ラッセル&フレーゲの自然数と同じに「集合を数と見

なす」のである。

まず、「空集合φ」を「数0」と定義する。つまり、「0＝φ」だ。

ここで「数」と「集合」が等号で結ばれているのは気持ち悪いと思うだろうが、それは「数をすでに知っている」という立場で考えるからである。わたしたちは今、「集合は知っているが自然数など知らない」という立場に身を置かねばならない。

次に「ただ一つの要素を持ち、その要素が空集合であるような集合」を「数1」と定義しよう。これは「集合の集合」という族の形になっており、「空集合という集合を一つだけ要素として持っているような集合」ということになる。つまり、「1＝{φ}」ということだ。

ところでこの集合は、「空集合φ」と「空集合φをただ一つの要素とする集合{φ}」との和集合を作ったものとも見なすことができる。実際、

$$\phi \cup \{\phi\} = \{\ \} \cup \{\phi\} = \{\phi\}$$

である。

さらに、「今の集合（「数1」を表す集合）をただ一つの要素として持つような集合{{φ}}」を作り、これと今の集合（「数1」を表す集合{φ}）との和集合を作ろう。つまり、

$$\{\phi\}\cup\{\{\phi\}\}=\{\phi,\{\phi\}\}$$

である。これを「数2」と定義する。すなわち、「$2=\{\phi,\{\phi\}\}$」となる。

あとは同じ要領である。「今の集合（「数2」を表す集合）をただ一つの要素として持つような集合$\{\{\phi,\{\phi\}\}\}$」を作り、これと今の集合（「数2」を表す集合$\{\phi,\{\phi\}\}$）との和集合を作ればいい。それは、

$$\{\phi,\{\phi\}\}\cup\{\{\phi,\{\phi\}\}\}=\{\phi,\{\phi\},\{\phi,\{\phi\}\}\}$$

であり、これを「数3」と定義する。したがって、「$3=\{\phi,\{\phi\},\{\phi,\{\phi\}\}\}$」となる。

「以下同様に」作業を続けて、自然数を定義する。今までに定義された0から3までの自然数を並べてみる。

$$0=\phi$$
$$1=\{\phi\}$$
$$2=\{\phi,\{\phi\}\}$$
$$3=\{\phi,\{\phi\},\{\phi,\{\phi\}\}\}$$

この手続きを、一つの「規則」として表現するなら、以下のようになる。つまり、数n

を意味する集合が x であるとするなら、次の数 $n+1$ を意味する集合は、$x\cup\{x\}$（集合 x と、x ただ一つを要素とする集合を合併する）と構成される。この規則を使って、0から3までを再構成すれば、

$$0=\phi,\ 1=0\cup\{0\},\ 2=1\cup\{1\},\ 3=2\cup\{2\}$$

そして一般に、自然数 n と $(n+1)$ の関係は、$n+1=n\cup\{n\}$ である。

これが「フォン・ノイマンの自然数」。もちろん、今の定義の仕方だと「以下同様に」というあいまいな表現が入っていて、定義が厳密ではない。「以下同様に」という言葉を使わないでこれらを定義する方法は次項で解説する。ここで注目して欲しいのは、フォン・ノイマンの自然数では「数が複層化されながら作られている」という点だ。数0は単なる一つの集合（空集合）だが、数1は二重の集合になっている。また、数2は三重の集合だ。このように、自然数は「複層化された集合」で定義されているわけなのである。このことは、前章末で述べた、「自然数が、とりわけ数学的帰納法が、マトリョーシカのような構造になっている」ということに合致している。

さらに特徴的なのは、2を意味する集合は、要素として、0を意味する集合も1を意味する集合も含んでいる、という点である。記号で書けば、

$$0\in 2,\ 1\in 2$$

同じように

$0\in 3,\ 1\in 3,\ 2\in 3$

も成り立っている。つまり、自然数nを表す集合は、それより小さい自然数を意味する集合をすべて要素として持っている集合、ということになるのである。このことから、前章で紹介した「妖怪の問題」が数学的帰納法で解ける理由が、「どの自然数も、それより小さいすべての自然数を包含するようにできているからだ」、といくぶん哲学的に解釈することが可能となるだろう。

フォーマルな定義

さきほどは、フォン・ノイマンの自然数を定義するのに、わかりやすさを優先して順次構成する方法を取った。そのせいで、そこに「以下同様に」という曖昧な言葉を用いざるを得なかった。しかし、フォン・ノイマン自身は、非常に苦心して、「以下同様に」を避けた完璧な定義を与えたのだ。ここでは、後の数学者がフォン・ノイマンの議論を整理整頓して与えた、いくぶん洗練された定義を与えることにしよう。ただし、非常にテクニカルなので、興味のない読者は飛ばしてくださっても差し支えない。

まず、「集合が帰納的である」ということを次のように定義する。

【帰納的な集合の定義】

条件（1）（2）を満たす集合Aを帰納的と呼ぶ。

（1）$\phi \in A$

（2）すべての$x \in A$に対して$x \cup \{x\} \in A$

最初の条件は、集合Aが空集合を要素として持っていることを表す。そして二番目の条件は、xが集合Aの要素であるなら、xと、xをただ一つの要素として持つ集合$\{x\}$の和集合も再びAの要素となることを表している。

さきほどのフォン・ノイマンの自然数をおおよそ理解できてしまった人は、この二条件を満たすものこそフォン・ノイマンの自然数そのものじゃないか、といぶかることだろう。しかし実は、この二条件を満たし「帰納的」となっている集合はフォン・ノイマンの自然数以外にもたくさんある。だから、「帰納的」だけでは自然数を定義したことにはならないのだ。

そこで公理を一つ設定しよう。それは、「無限の公理」と呼ばれるものだ。

（証明）
A∩Bが（定義）の条件(1)(2)を満たしていることをチェックすればいい。まず、AもBも帰納的だから、ともに空集合ϕを含んでいる。したがって、ϕはAとBの共通の要素なので、A∩Bの要素にもなるから条件(1)はクリアされる。次にx∈A∩Bなるxを取ろう。xはAの要素でAは帰納的だから、x∪{x}∈Aとなる。同じように、xはBの要素でBは帰納的だから、x∪{x}∈Bともなる。したがって、x∪{x}∈A∩Bとなる。これで条件(2)もクリアされた。（証明終わり）

図5−3　定理の証明

【無限の公理】帰納的な集合が、少なくとも一つは存在している

これは、（1）（2）のシステムを満たす集合が少なくとも一つはあることを暗黙に保証する公理である。このシステムを満たす集合の要素数は無限にならざるをえないので、「無限が少なくとも一つ存在すること」を導入する公理だといっていい。すると以下の定理が成り立つ。

【定理】集合AとBが両方とも帰納的であるとき、共通部分A∩Bも帰納的である

証明を理解したい人は、図5−3を読んでほしい。では、この定理を踏まえて、「フォン・ノイマンの自然数」の正式な定義を与えよう。

【定義】 帰納的な集合の中で最小のものNを自然数と呼ぶ

驚くほどシンプルである。ここで、「集合Nが帰納的な集合の中で最小」というのは次のような意味だ。つまり、「任意の帰納的な集合Kを取ると、必ずNを部分集合として持つ（N⊆K）」ということ。そのような空集合でないNは確かに存在している。それは以下の定理が保証する。

【定理】 すべての帰納的な集合の共通部分となる集合をNとすれば、それが最小の帰納的な集合となる

この定理の証明は省略するが、丹念に考えれば、読者にも可能である。

さて実は、このように定義された「フォン・ノイマンの自然数」は、「ペアノの自然数の五つの取り決め」を満たすことを証明することができる。すなわち、ここで定義された「フォン・ノイマンの自然数」は数学者ペアノの頭の中にあった「自然数」の特徴をすべて備え、しかも存在が唯一であるようなものなのである。

無限を手玉に取る

フォン・ノイマンの考えた自然数の構成法がすばらしいのは、驚くべき副産物をもたらしたからだ。それは、自然数という概念を拡張して、全く新奇な数である「超限順序数」というものを生み出したことである。前もって予告してしまうと、この「超限順序数」というのは、「無限」を一つの「実体」として作りだし、それらに足し算や掛け算を可能にしたものなのだ。

フォン・ノイマンの自然数では、自然数nが集合で与えられ、しかもnより小さい自然数をすべて集めて作ったような集合であったことを思い出そう。実際、

$$1=\{0\},\ 2=\{0,1\},\ 3=\{0,1,2\}$$

のようになっていた。つまり、フォン・ノイマンの自然数とは、それ以前の自然数をすべて集めて集合化し、それを次の自然数と見なす、という作業を逐次積み重ねて得られるものだった。

ここで、すべての自然数ができてしまった「後」も、同じように、「それまでの数を集めて集合を作る」作業を続けてみることにしよう。つまり、すべての「ノイマンの自然数」0、1、2、3、……を全部集めた集合も一つの数だと理解するのである。これを「超限順序数」と呼ぶ。これは集合Nを「自然数を集めたもの」とは別の「新たな一つの

数」と見なすのだから、このことを強調するためにNとは異なる記号ω（オメガ）を使って表すことにする。つまり、

$\omega=\{0,1,2,3,\cdots\cdots\}$

を一つの「数」と見なすのである。ωを含めて、今までわかっている超限順序数を小さい順に並べてみよう。

$0,1,2,3,\cdots\cdots,\omega$　　……①

ωはどの自然数よりも後に並んでいるので、どの自然数よりも真に大きい数となる。つまり、「どんな自然数よりも大なる数」というのが創造されたわけなのである。ωは、いってみれば「無限」を表す数だ。つまり、超限順序数ωは自然数を突き破って、「無限」に到達した数なのである。このωという「無限」は、「実無限」と呼ばれる。

無限については、ギリシャの昔から人間の思索の対象だった。しかし、古典的な無限の理解とは、「いくらでも大きい数が存在すること」、つまり「いくらでも大きくなることが可能である」というものだった。これを「可能無限」という。ωはこの可能無限とは異なり、無限を一つの実体的なものとして扱っているので、「実無限」といわれるのである。

無限＋無限？

さらに、①に並んでいる数を集合としたものを考えよう。これをω＋1と記す。

$\omega+1=\{0,1,2,3,\cdots\cdots,\omega\}$

これは言ってみれば、「実無限ωより1だけ大きい実無限」ということになる。もっとこの作業を続けよう。次の実無限ω＋2は、

$\omega+2=\{0,1,2,3,\cdots\cdots,\omega,\omega+1\}$

と定義される。このようにして、自然数を定義した時と同様の作業で、自然数とその後の実無限たちの列、

$0,1,2,3,\cdots\cdots,\omega,\omega+1,\omega+2,\omega+3,\cdots\cdots$　　……②

が得られていく（もちろん、「同様の作業で」という曖昧な言葉を避けて定義することが可能だが、それは専門的なので省く）。

まだまだ尽きない。②の数すべてを集合にしたものが次の実無限だ。それをω＋ωあるいは、ω・2と書こう。すなわち、

$\omega+\omega=\omega\cdot 2=\{0,1,2,3,\cdots\cdots,\omega,\omega+1,\omega+2,\omega+3,\cdots\cdots\}$

ということである。

これは、形式的には単に「次の実無限」を定義しているのだが、記号表現を見ればわか

るように、実無限ωと実無限ωの「足し算」を実行していると見なすこともでき、実無限ωと自然数2の「掛け算」を実行しているとも解釈できる。つまり、わたしたちは、「実無限＋実無限」というタイプの計算や「実無限×自然数」というタイプの計算も、実行できるようになったのである。まさに、自然数を超えて、わたしたちは、「無限」を手玉に取ることが可能となった、ということだ。

無限の大きさを比べる

このフォン・ノイマンが生み出した超限順序数は、今見たように、「無限」を個の「実在する数」として扱えるものであった。実は、これはもともとは、十九世紀のカントールという数学者が最初に考え出したものだった。

カントールは「無限」について深く思索をめぐらせた数学者だった。カントール以前の人類は、「無限」というものを、ただおそれ多いものとしてあがめたてまつってきたのだが、カントール以降、人類は無限を手玉に取り、無限を積極的に活用するようになったのである。

カントールは、「無限にも大きさの違いがあるのではないか」ということを考えた。つまり、無限に対して大きさの区別をしようとしたのである。無限の持つ大きさの違いを見るためにカントールが持ち出したものこそが、「一対一対応原理」だった。これは後にフレーゲの自然数に利用されることになった原理でもある。

【有限集合の一対一対応原理】有限個の要素から成る集合A、Bに対し、おのおのの要素の間に一対一の対応を作ることができるとき、AとBの要素の個数は等しい

読めばわかる通り、この原理は有限集合に対して述べられたものだ。しかし、カントールは、大胆にも、この原理を無限集合に対しても拡大適用しようと試みたのである。つまり、二つの無限集合AとBに対して、AとBの間に一対一対応が作れるとき、AとBは「同じ大きさの無限である」と定義したのだ。

例えば、集合Aを自然数の集合、集合Bは偶数の集合としよう。この二つの集合の間には簡単に一対一対応を作ることができる。それは、Aの要素xとBの要素$2x$の間に対応を作ることだ（図5－4）。

$$
\begin{array}{ccccccccc}
A= \{ & 0, & 1, & 2, & 3, & 4, & 5, & 6, & \cdots\} \\
 & \downarrow & \downarrow & \downarrow & \downarrow & \downarrow & \downarrow & \downarrow & \\
B= \{ & 0, & 2, & 4, & 6, & 8, & 10, & 12, & \cdots\}
\end{array}
$$

図5－4

カントールは、この一対一対応の存在から、自然数の集合Aと偶数の集合Bは、「同じ大きさの無限である」とし、正式には「集合Aの濃度と集合Bの濃度は等しい」と呼んだ

（混乱を避けるため、「個数」ということばを使わず、「濃度」としたわけである）。

これは常識的には「矛盾」といっていい。

なぜなら、BはAの一部分（B⊆A）なのだから、これでは「全体が部分と同じ大きさ」となってしまう。全体と部分が同じ大きさというのは矛盾に見える。実際、ユークリッドは、「全体は部分より大きい」ということをわざわざ代数の公理として採用していた（ユークリッドの公理系については、第2章参照）。カントールの考えはユークリッドの公理を否定するものであり、これを提唱するのはとても勇気がいったことだろう。その証拠に、このような「無限の大きさを比べる」発想は、ガリレオ・ガリレイがすでに十六世紀に先駆的にアプローチしていたのだが、このユークリッドの公理に矛盾するので、その発想を放棄してしまったという歴史的な経緯もあった。

しかし、カントールの態度はガリレオとは異なった。カントールは、「全体が部分より大きい、という原理は、有限集合にのみ成り立つことで、無限集合では必ずしも成り立つとは限らないと考えればいい」としたのである。

カントールのこの比較原理を使うと、「長さの異なる二本の線分上の点の集合が同じ濃度を持つ」ということが示せる。

図5－5（次頁）を見てみよう。長い線分ABと短い線分CDの間には、図のPとQを

対応させる方法によって、一対一対応を作ることができる。したがって、「AB上にもCD上にも無限個の点があるが、その濃度は等しい」ということが示されたのである。

カントールは研究を進め、次のような面白い事実を突き止めた（証明するゆとりがないので結果のみ記すが、証明を知りたい人は拙著『数学オリンピック問題にみる現代数学』を参照して欲しい）。

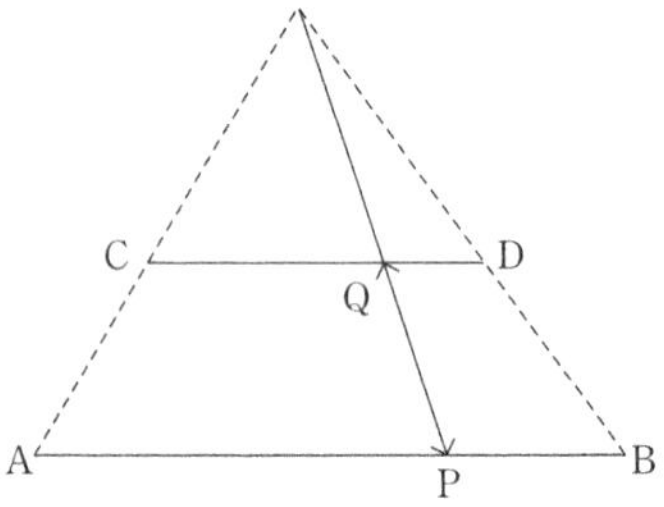

図5-5　線分ABとCDは同じ濃度

【定理】 線分を構成する点の集合と正方形を構成する点の集合の濃度は等しい

これは、1次元図形（直線）を構成する点と2次元図形（正方形）を構成する点は、同じ大きさの無限であるという、とても不思議な事実を示唆している。次なる事実は、

【定理】 自然数の集合の濃度と実数の集合（数直線上の数すべての集合）の濃度は異なる

これは驚異的な結果だ。これによって、無限の大きさは一種類ではなく少なくとも二種類ある、ということがわかるからである（実は、「無限」には無限の種類があることが、やはりカントールによって示されている）。このような無限集合論は、当初は、哲学的・神学的な遊戯と見なされていたのだが、その後、多くの数学者たちによって「新しい数学の構築」に利用され、数学の「地盤」となる理論に仕立てられていくこととなった。

一例を挙げるなら、現代の確率の理論（測度論的確率理論）は、この無限集合論なしには成立しえなかった。この確率理論を使って、現在のわたしたちの保険業務や資産取引が行われているわけだから、無限集合論は現在、「神学」どころか「実学」に他ならないのである。

デデキント無限

ここで、「ノイマンの自然数」をフォーマルに定義したとき、「無限の公理」というのが必要だったのを思い出して欲しい。自然数を上手に定義するために、事前に「無限」という概念を用意する必要があった。

このことには、カントールと同時代のデデキントという数学者が、すでに気がついていた。なぜなら、デデキントもまた、自然数を定義しようと試みた一人だったからだ。

デデキントは、カントールによって発見された無限集合の不思議な性質「自分の真の部分集合と自分の間に一対一対応が作れる」ということを、「これこそが無限というものの本性だ」と考えた。そして、この性質を逆手に取れば、「無限」を「数を数えること」なしで定義できるのではないか、と思いついたのである。

デデキントという数学者は、カントールの終生の親友だった人だ。カントールが、無限集合論を発表した当初は、多くの数学者から批判された（「数え主義」のクロネッカーがその代表的人物である）。しかし、デデキントは、そんなカントールを励まし、終生の理解者として、無限集合論を応用する仕事をした人だった。カントールの集合論は、デデキントの理解と協力があってこそ完成できたといっても過言ではない。

ただ、デデキントは、集合の理論の可能性をカントールとは違うところに見いだしていた。デデキントは、集合論の理論を「数の理論」に応用することに強い興味を持っていたのである。デデキントは、カントールの考え方を使って、次のように「無限」をこれまでとは全く異なる方法で定義した。

【デデキント無限の定義】集合Aが集合Bを真の部分集合として包含し（B⊊Aでか

つB≠Aということ）、しかもAとBの間に一対一対応が作れるとき、集合Aを「デデキント無限」と呼ぶ

単に「無限」といわず、「デデキント無限」と呼ぶのは、通常の「数え切れない」という意味の「無限」と区別するためだ。意味的には私たちがイメージしている「無限」と同じだと理解しても差し支えない。

また、「デデキント無限」でない集合を「デデキント有限」という。デデキントの方法では、「有限」より先に「無限」が定義され、「無限でないもの」を「有限」と呼んでいるのである。

この定義に従うと、例えば、前項で解説した「線分AB上の点の集合」はデデキント無限だといえる。なぜなら、線分CDは線分ABの真の部分集合だと見なすことができ、しかもABとCDの間に一対一対応が作れるからだ。

デデキントの自然数

本書の締めくくりとして、デデキントによる自然数の定義を解説しよう（この理論のオリジナルな内容は、デデキントの著作『数について』（岩波文庫）で読むことができる）。

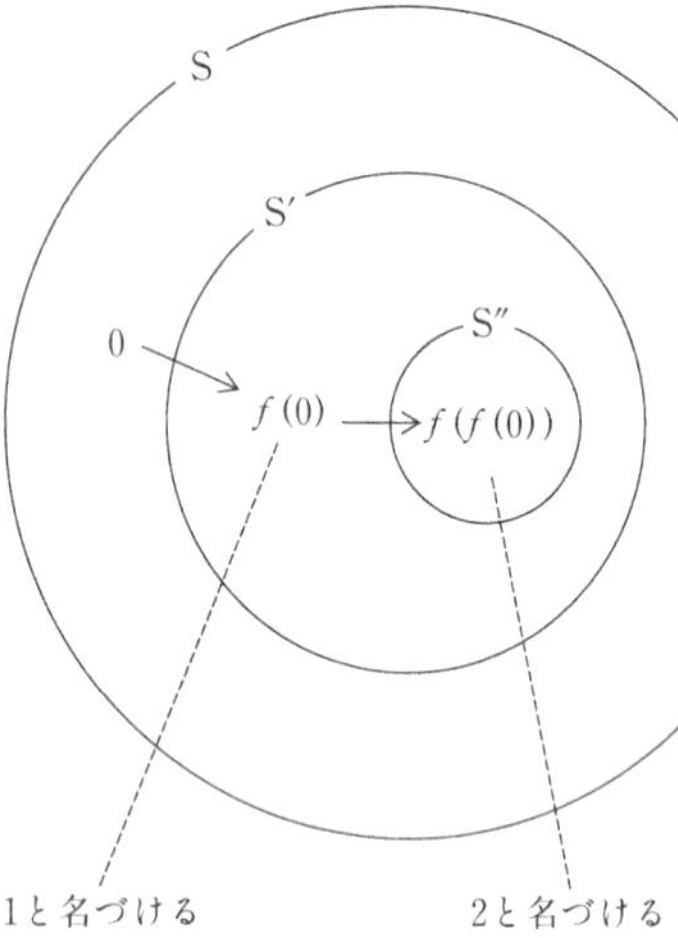

図5-6　デデキントの自然数

まず、「デデキント無限の集合」を一つ持ってきて、それをSとする。定義から、SはSの真の部分集合S′と一対一対応を作ることが可能である（図5－6）。この対応を表す関数を$f(x)$としよう。例えば、Sの要素aがS′の要素b（もちろん、これはSの要素でもある）と対応しているとき、$f(a)=b$と書く。$f(x)$が一対一対応であるので、異なる要素には異なる要素が対応する。すなわち、

$x \neq y$ ならば $f(x) \neq f(y)$

あるいは　$f(x)=f(y)$ ならば $x=y$ ……（☆）

である。

さて、このときSに包含されるS′は、Sとは異なる集合だから、S′の要素でないようなSの要素が少なくとも一つは存在する。そのような要素を一つ固定して、「数0」と名付

けよう。数0は、Sには属しているがS'には属していないので、関数$f(x)$のアウトプットとはならない。すなわち、「どんなSの要素xに対しても$f(x)\neq 0$」ということだ。

つぎにS'の要素yすべてに対して再び$f(y)$を作ろう。S'の要素yは、Sの何かの要素xによって$y=f(x)$と結びつけられているから、$f(y)$は$f(f(x))$という形の要素として書くこともできる（これは第3章で扱った合成関数である）。このような要素$f(y)$たちをすべて集めて集合を作り、それをS''と呼ぼう。S'はSに包含されるから、S''もSの一部であり、なおかつS'の一部でもある。

ここで、0が$f(x)$によって対応する要素$f(0)$は、定義からS'の要素である。この$f(0)$は、実は、S''の要素になることはできない。仮にもしも、$f(0)$がS''の要素だとすると、S'のある要素yに対して、$f(y)=f(0)$とならなければならないが、対応fが一対一であることから、さきほどの（☆）の性質より、$y=0$となり、0がS'の要素であることになって0の定義に反する。そこで、このS'の要素だけれどS''の要素ではない$f(0)$を「数1」と名付けることにしよう。

同様にしてS''の要素zたちに対する$f(z)$たちすべての集合をS'''とする。これに対しても、1をfにインプットした$f(1)$（これは合成関数の値$f(f(0))$と同じもの）は、上と同じ論法で、S''には含まれ、S'''には含まれない要素だとわかる。これを「数2」と書くことにする。

この作業を続けることによってできる数をデデキントは自然数と名付けた。具体的には、

$0,\ 1=f(0),\ 2=f(1),\ 3=f(2),\ \cdots\cdots,\ n+1=f(n),\ \cdots\cdots$

である。これらの数がすべて異なるものであることは容易に証明することができる（次の数が、前の数たちの排除された集合から選ばれるからである）。

イメージのわかない人は、こんな絵画Sを頭に思い浮かべてみよう。今、Sは部屋の情景を描いた一枚の絵画だとしよう。この「絵の中の部屋」には壁に絵画がかけられている。この壁の絵は、「絵の中の絵」になるが、面白いことにその「絵の中の絵」も元の「部屋の絵」と同じだとする。それがS′にあたる。すると「絵の中の絵」S′も元の「部屋の絵」と同じだから、やはりそこには壁の絵が小さく描かれているだろう。そして、そこにも元と同じ絵が描いてある。これがS″。このように、小さくなりながら無限の同じ絵が絵の中に繰り返されていくことになる。これは合わせ鏡の原理と同じである。

さて、最初の部屋の絵には床に置いた花びんが描いてあるとする。この位置を0地点としよう。すると、壁の絵S′にも花びんが描いてあるはずだ。これを1地点とする。ここで0≠1に注意して欲しい。1地点は元の絵の中の壁にかかった絵の中にあり、これは元の

絵の床上の花びんの位置とは異なるからだ。次に絵の中の絵の中の絵S″にも花びんが描かれているので、この位置を地点2と決める。これは0地点とも1地点とも異なる場所だ。このように、次々とそれ以前には出てきていない新しい地点が作り出されていくのである。この地点たちの列を、デデキントは、自然数の列と見なしている。

デデキントは、このような方法で自然数を定義し、集合の関係や写像の性質を利用して、自然数の間の大小関係や四則計算などを定義した。

無限は「心の中」にある！

ここで一つの疑問が浮上する。

自然数の構成のところで、最初に「デデキント無限」の集合Sを持ってきたが、本当にそういうSは存在するのだろうか。

数学者は、こういうことにも慎重になる。先に自然数の集合が「デデキント無限」であることを例示したが、今は自然数を定義したいのだから、これをSの候補にするわけにはいかない。また、線分上の点たちの集合がやはりデデキント無限であることを説明したが、これをごまかしなしにきちんと証明するには、ユークリッド幾何の公理系が必要となる。自然数という根本的な公理系を作るために、ユークリッド幾何の公理系を持ってくるのは危険だ。ユークリッド幾何の公理系を積み上げるのに、自然数の概念が使われているかもしれないからである。

ここで、デデキントが持ち出したのは、あまりに突飛なものだった。デデキントは、「私の思考の世界」Sを「デデキント無限」の例としたのである。彼は、Sが「デデキント無限」であることを、以下のように「証明」した。

今、私の思考Sの一つの要素をsとしよう。sは何でもいい。「花」でもいいし、「明日」でもいい。すると私は「sのことを考える」ということを考えることができるので、これもまた私の思考の一つだ。つまり、「花のことを考える」「明日のことを考える」も、私の思考に属している。そこで、

$f(s)$＝「sのことを考える」

という関数を作ろう。これはSからSの内部への一対一対応になる。したがって、私の思考Sは「デデキント無限」になる、というわけなのだ。

のけぞった読者も多かろう。確かに、これが数学の証明であるかどうかは大問題だ（実際、この部分はその後の数学者たちには黙殺されてしまった）。しかし、「私の思考」というところに「無限」を生む源を求め、自然数を生む源を求めるデデキントの発想は、とてもユニークで深遠なものだと思える。なぜなら、自然数を生み出すための素材になるもの

は、無限（デデキント無限）であり、しかもそれは、「わたしたちのなかにある」、と言っているからである。

以下は非常に飛躍した理解ではあるが、本書のしめくくりとして、デデキントの自然数に対して、あえて「深読み」をしたいと思う。

こどもたちが自然数を理解できるのは、自然数の源が、そもそもこどもたちのなかにあり、しかもそれは「無限」という実在だからだ。そして、それは人間がものを考え、ものを考えることを考え、ものを考えることを考えることを考える、そういうことができるからなのだ。

数と無限の深淵は、他ならない、こどもたちの、そしてわたしたちのなかにある。

あとがき

この本を企画して下さったのは、前著『文系のための数学教室』の企画・編集者である阿佐信一さんだ。阿佐さんは、前著の終章「数学は〈私〉の中にある」をとても高く評価してくれ、この議論を膨らませて一冊書かないか、と持ちかけてくれた。

この終章は、数学についての価値観に哲学を持ち込む、という冒険的な論説だったが、ネットなどで読者の感想を読むと、酷評を少々見かける。哲学的な議論への評価が受け手の嗜好に大きく左右されることは致し方ないとは思っていても、多少はへこむものだ。そんな賛否両論の終章を、他ならぬ編集者が高く買ってくれたのは勇気百倍だった。

書き終わってみると、本書は、ぼくが数学に携わった長い経験の、その集大成になったように思う。前著のあとがきには、「本書ほど力まず素直に思いのたけを書けたのは初めてである」と書いたが、本書にはそれを上回る手応えを感じている。

本書を書く上で意識したのは、(第4章で取り上げた数学者)遠山啓の著作『数学入門(上・下)』(岩波新書)である。ぼくはこの本を中学生のときに購入して以来、何度も繰り返し読んだ。この本が大好きだったのは、単に数学の概念を解説する、というだけに終わらず、そこに「数学史」や「数学者伝」や「哲学」や「文学」なども合わせて紹介されていたからである。数学が数学の外側と関係を持っていることは、ぼくには大きな驚きであり、とても示唆的だった。思えば、当時からぼくは「文系頭」だったのかもしれない。本書は遠山の著作に遠く及ばないと思うが、同じフレーバーの本を書けたのではないかぐらいには自負している。

本にする段階でお世話になった若手の編集者である川治豊成さんが、中学生のときにぼくの書いた参考書のファンであった、というのも幸運だった。思春期にぼくの著作に触れている川治さんは、ぼくの文章のツボのようなものを読者の側からよく心得ているので、的確なアドヴァイスを多く下さり、本書はずいぶんわかりやすくなったと思う。二人の有能な編集者に、まずはお礼を述べたい。

その上で言いたいのは、本書の完成は、ぼくがかかわった多くのこどもたちに負うところが大きい、ということである。ぼくは彼らからたくさんのことを学び、また、情熱と勇気をもらった。最後にあたって、彼らへの感謝を込めて、ここにその中の数人の思い出を記してみたいと思う。

少女Aは、彼女が中学一年のとき受け持った。

その子は、一風変わった娘だったけれど、見た目ではそんなに人と違うようではなかった。でも、この子は明らかに数学との関係の上で、深刻なトラブルを抱えていた。それは文字式の操作に如実に現れた。とにかく、記号処理の規則に従うことができなかった。

ぼくは半ば意地になって、彼女のためだけの特別プリントを作った。すべての文字式計算の操作を一ステップずつ分解し、穴埋め問題にし、これ以上分割するのは不可能、というところまでこなごなにしたのだ。

彼女は、その一ステップずつは、どうにかこうにか進むことはできた。けれども、そのステップを束ねた操作の「連続性」を捉えることができないのだ。どんなに練習を繰り返しても、プリントを離れると、ステップを再現することができなかった。それでも彼女は、プリントに戻るたび、コツコツと空欄を真面目に埋めていった。ぼくは切なくて、慟《どう》哭《こく》しそうになりながら、彼女のその苦行につきそった。

あるとき、そんな彼女が、ふと顔を上げて、ぼくに笑顔を向け、指で何かを指し示した。「先生、先生、ほら、きらきらしてるよ」。指先には、ただ、教室の天井の蛍光灯があるばかりだった。「そうか、きらきらしてるんだね」。そう、ぼくは答えるのが精一杯だった。

少年Bと少女Cは、後に数学者になった教え子である。だが、二人は全くそのプロセスを異にしていた。

少年Bのほうは、当初から数学が得意で、その才能を開花させていた。それに対して、少女Cのほうは、中二でぼくの生徒となったときは、数学が得意だったわけではなかった。むしろ、根本的なところでつっかえていて、成績のぱっとしない子だった。たぶん、学校での「暗記的」な数学の授業が釈然としなかったのに違いない。ぼくが教えるうちに、みるみる数学ができるようになり、中三になった頃には、最上位クラスで少年Bと席を並べるようになった。

そこで彼女を一年間教えるうち、彼女が数学になみなみならぬ関心を持ちつつあることを感じた。また、少年Bの方はといえば、将来数学者になりたい、という決意をすでに固めているようにうかがえ、すでにぼくなどとてもかなわない才能を開花させつつあった。

それでぼくは、彼らを教える最後の講義で、三時間をまるまるつぶして、現代数学の講義を行った。たった二人だけへ向けたプレゼントの講義だった。それは（第5章で解説した）カントールの無限集合論である。クラスの他の生徒には、はなはだ迷惑だったに違いない。この講義は、ぼくにとって塾講師時代で最も思い出に残る講義となった。

少年Bは、高校生になってもトップを維持し、難なく東大に合格した。少女Cはというと、無謀だといわれていた東大受験においてガッツで成功を勝ち取った。彼女は、合格祝賀会で卒業生の代表となり、その壇上で、「小島先生からカントールについての講義を受けて、数学に目覚めた」と堂々と語った。ぼくはそれを聞いて思わず涙をこぼしてしまった。

その後彼女は数学科に進学し、「恋人は数学です」と豪語するようになり、大学院ではアメリカに留学、現在はその地で数学者の職を得ていると聞く。少年Bの方も、東大で学部から院に飛び級という離れ業を実現し、あっという間に学位を取ったらしい。

最後は中三だった久美子のこと。

彼女は、久美子と名乗っていたけれど、たぶんその名でない。久美子から手紙が来たのは、夏期講習が終わって間もない頃だった。それは、ぼくが大学一年生でした最初のバイトだった。封筒には、ぼくの住所と宛名と、そして、差出人に久美子とだけあった。講習の最終日に、せがまれてぼくが住所を教えた生徒たちの中に、その久美子がいたのだと思う。久美子は自分の住所を書かずに手紙を出してきた。講習を終えて、ひと月ほどたった頃だった。その経過時間を思うと、ずいぶんと迷った末に手紙を書くことに決めたのだろう。久美子が偽名だとわかったのは、ぼくが授業のときに、自分の好きな二人の女優が偶然「久美子」という同じ名であることを話したことを思い出したからだ。

久美子は、数日おきに手紙を出してきた。最初は何でもない日常のこと。飼っているネコのこと。気に入っている小物のことなど。でもしばらくすると、手紙の内容に影がさすようになってきた。手紙を出してきたのも、その影が見えないほど小さいうちにその気配を感じていたからなのだと思う。

思春期は誰でも苦しみに満ちている。誰もが秘密を持っている。それは多くの子にとっては一過性のもので、大人になるとその存在さえ忘却してしまうものだ。でも時に、その影は大きく大きく育つこともある。心を覆いつくしてしまうこともある。ぼくは、久美子の手紙にその徴候を感じて胸騒ぎを覚えた。

ぼくは記憶をたどって、久美子が実際は誰なのかを突き止めようとした。手紙をくれた何人かの生徒たちにも尋ねてまわった。でも、久美子の正体に心あたりのある子は皆無だった。久美子は彼らの知っている誰かなのかもしれないし、あるいは誰も知らない誰かなのかもしれない。

それから、久美子の手紙は急激に暗さの度合いを増した。ぼくが、こんなもどかしさを感じたことは長い教師経験でこのときだけである。へこんでいて、苦しんでいて、暗闇に引きずりこまれそうな子が目の前にいるのに、ぼくはその子が誰かも知らず、そして何も言葉をかけてやれないのだ。ぼくは、消印や文面に現れた小さな痕跡からなんとか居所を探しだそうと躍起になった。それも行き詰まり徒労に終わった頃、久美子からの手紙は突然ぷっつりと途絶えた。

ぼくは、落胆とも焦燥ともつかない気持ちの嵐の中で、夢の中までも必死に久美子に話しかけていた。教師なのに何もできない。教師としての自分を頼ってきたのに、何もできないのだ。

久美子から次の手紙が来たのは、数ヵ月してからだった。その手紙には、相変わらず差出人の住所も名前もなかった。でも、手紙の中身には明るい萌《きざ》しがあった。十五歳らしく頬を紅く染めた久美子が文面の中にあった。どうやら、出口をみつけたらしかった。

久美子が手紙の相手にぼくを選んだのは、ぼくが授業の中で生と死について力んで話したからだったと久美子は告白した。そんなこと話したっけな、とぼくはその話題を全く思い出すことができなかった。でも、ありそうなことだった。ぼくは、本当に何の意図も用心もなく、無責任にそういったことを口走ってしまう先生だったからだ。でも、彼女は、ぼくに手紙を書きながら、授業でのそういった話題を思い出しながら、自分で考え、自分で希望を見出した。そんなふうにまとまりのない文章で綴っていた。そして、久美子の手紙の最後にはこうあった。「先生の幾何の授業はとても面白かったよ。でも、久美子はやっぱり今も幾何は嫌いです」。

彼女を引き戻したのは、もちろん彼女の勇気そのものだけれど、ぼくの授業が何かの道しるべを指し示したのだとすれば、それはぼくの余計な説教なんかではなく、きっと「幾何学」の講義だったんじゃないか、今ではなんとなくそう感じている。

そして、それが久美子からの最後の手紙となった。大学生だったぼくへの、どこの誰とも知れない十五歳の生徒からの一方的な手紙。そして、彼女の行方は、その後も杳《よう》として知れない。

参考文献

吉永良正「幾何学はどこから来たのか」、『現代思想』vol.34-8所収、二〇〇六年
S・ボウルズ、H・ギンタス『アメリカ資本主義と学校教育Ⅰ・Ⅱ』宇沢弘文訳、岩波現代選書、一九八六―八七年
佐々木正人『アフォーダンス――新しい認知の理論』岩波科学ライブラリー、一九九四年
アリス・アンブローズ編『ウィトゲンシュタインの講義Ⅱ　ケンブリッジ1932―1935年』野矢茂樹訳、勁草書房、一九九一年
鬼界彰夫『ウィトゲンシュタインはこう考えた』講談社現代新書、二〇〇三年
野崎昭弘『不完全性定理』日本評論社、一九九六年
R・P・ファインマン『物理法則はいかにして発見されたか』江沢洋訳、ダイヤモンド社、一九六八年
ルイス・キャロル『不思議の国の論理学』柳瀬尚紀訳、河出文庫、一九九〇年
ダグラス・R・ホフスタッター『ゲーデル、エッシャー、バッハ』野崎昭弘・はやしはじめ・柳瀬尚紀訳、白揚社、一九八五年
小杉肇『数学史（数と方程式）』槇書店、一九七三年
森毅『異説数学者列伝』蒼樹書房、一九七三年
宇沢弘文『日本の教育を考える』岩波新書、一九九八年

ラッセル『数理哲学序説』平野智治訳、岩波文庫、一九五四年
田中一之・鈴木登志雄『数学のロジックと集合論』培風館、二〇〇三年
カントル『超限集合論』功力金二郎・村田全訳、共立出版、一九七九年
デーデキント『数について』河野伊三郎訳　岩波文庫、一九六一年
サマンサ・アビール『13歳の冬、誰にも言えなかったこと　ある学習障害の少女の手記』長尾力訳、春秋社、二〇〇六年
デカルト『方法序説』落合太郎訳、岩波文庫、一九五三年
小島寛之『文系のための数学教室』講談社現代新書、二〇〇四年
小島寛之『高校への数学　数学ワンダーランド』東京出版、一九九五年
小島寛之『数学オリンピック問題にみる現代数学』講談社ブルーバックス、一九九五年
小島寛之著・十神真作画・ビーコム制作『マンガでわかる微分積分』オーム社、二〇〇五年
小島寛之『ゼロから学ぶ微分積分』講談社、二〇〇一年
小島寛之『数学で考える』青土社、二〇〇七年

講談社現代新書　1925

数《すう》学《がく》でつまずくのはなぜか

二〇〇八年一月二〇日第一刷発行　二〇二三年六月二三日第九刷発行

著者　小島《こじま》寛之《ひろゆき》

発行者　鈴木章一
発行所　株式会社講談社
東京都文京区音羽二丁目一二―二一　郵便番号一一二―八〇〇一
電話　〇三―五三九五―三五二一　編集（現代新書）
〇三―五三九五―四四一五　販売
〇三―五三九五―三六一五　業務
装幀者　中島英樹
印刷所　株式会社ＫＰＳプロダクツ
製本所　株式会社ＫＰＳプロダクツ
定価はカバーに表示してあります　Printed in Japan

N.D.C.410　238p　18cm
ISBN978-4-06-287925-5

「講談社現代新書」の刊行にあたって

教養は万人が身をもって養い創造すべきものであって、一部の専門家の占有物として、ただ一方的に人々の手もとに配布され伝達されうるものではありません。

しかし、不幸にしてわが国の現状では、教養の重要な養いとなるべき書物は、ほとんど講壇からの天下りや単なる解説に終始し、知識技術を真剣に希求する青少年・学生・一般民衆の根本的な疑問や興味は、けっして十分に答えられ、解きほぐされ、手引きされることがありません。万人の内奥から発した真正の教養への芽ばえが、こうして放置され、むなしく滅びさる運命にゆだねられているのです。

このことは、中・高校だけで教育をおわる人々の成長をはばんでいるだけでなく、大学に進んだり、インテリと目されたりする人々の精神力の健康さえもむしばみ、わが国の文化の実質をまことに脆弱なものにしています。単なる博識以上の根強い思索力・判断力、および確かな技術にささえられた教養を必要とする日本の将来にとって、これは真剣に憂慮されなければならない事態であるといわなければなりません。

わたしたちの「講談社現代新書」は、この事態の克服を意図して計画されたものです。これによってわたしたちは、講壇からの天下りでもなく、単なる解説書でもない、もっぱら万人の魂に生ずる初発的かつ根本的な問題をとらえ、掘り起こし、手引きし、しかも最新の知識への展望を万人に確立させる書物を、新しく世の中に送り出したいと念願しています。

わたしたちは、創業以来民衆を対象とする啓蒙の仕事に専心してきた講談社にとって、これこそもっともふさわしい課題であり、伝統ある出版社としての義務でもあると考えているのです。

一九六四年四月　野間省一